# 绿色发展视角下页岩气开发风险评估与环境满意度研究

万　玺　刘竟成　著

北京理工大学出版社
BEIJING INSTITUTE OF TECHNOLOGY PRESS

## 内 容 简 介

随着经济的发展，对能源的需求也大幅度的增加，新能源开发成为关系到国计民生的重大问题。页岩气作为一种清洁、高效的新型能源受到国内外的广泛关注，但是，页岩气在开采过程中会造成一定的环境污染。本书在国内外学者相关研究的基础上，依据风险评估理论与满意度理论，构建评价模型，进行实证研究，通过 SPSS 数据分析软件对调研数据进行分析，对如何合理开发页岩气提出相应的对策和建议。

### 图书在版编目（CIP）数据

绿色发展视角下页岩气开发风险评估与环境满意度研究 / 万玺，刘竟成著. —北京：北京理工大学出版社，2020.1
ISBN 978-7-5682-8080-8

Ⅰ. ①绿…　Ⅱ. ①万…　②刘…　Ⅲ. ①油页岩资源–资源开发–研究　Ⅳ. ①TE155

中国版本图书馆 CIP 数据核字（2020）第 010176 号

出版发行 / 北京理工大学出版社有限责任公司
社　　址 / 北京市海淀区中关村南大街 5 号
邮　　编 / 100081
电　　话 / （010）68914775（总编室）
　　　　　（010）82562903（教材售后服务热线）
　　　　　（010）68948351（其他图书服务热线）
网　　址 / http://www.bitpress.com.cn
经　　销 / 全国各地新华书店
印　　刷 / 北京虎彩文化传播有限公司
开　　本 / 787 毫米×1092 毫米　1/16
印　　张 / 9.5
字　　数 / 215 千字
版　　次 / 2020 年 1 月第 1 版　2020 年 1 月第 1 次印刷
定　　价 / 66.00 元

责任编辑 / 高　芳
文案编辑 / 赵　轩
责任校对 / 周瑞红
责任印制 / 李志强

# 自　序

绿水青山就是金山银山，目前，绿色发展已经成为世界潮流、国家战略。习近平总书记强调："要正确处理好经济发展同生态环境保护的关系，绝不能以破坏生态环境去换取一时的经济增长。牢固树立保护生态环境就是保护生产力、改善生态环境就是发展生产力的理念。"这种以保护生态环境为前提的新经济观是可持续的发展。绿色发展已经成为引领中国未来发展的新常态。

绿色发展是在传统发展基础上的一种模式创新，是在生态环境容量和资源承载力的约束条件下，将环境保护作为实现可持续发展重要支柱的一种新型发展模式。具体来说包括以下几个要点：一是要将环境资源作为社会经济发展的内在要素；二是要把实现经济、社会和环境的可持续发展作为绿色发展的目标；三是要把经济活动过程和结果作为绿色发展的主要内容和途径。企业是经济增长的重要细胞，企业主动实施有效的环境管理对于绿色发展具有重要意义。

中国高度重视页岩气开发，出台了一系列旨在培育页岩气产业的政策。但我国页岩气的商业化开采仍处于摸索阶段，存在环境风险。页岩气开发必须以绿色发展理念为指引，兼顾社会、经济、生态效益的协调发展。

基于以上现实背景，本书通过对重庆涪陵页岩气开发区域居民生态环境满意度进行实证调查，从绿色发展的视角对页岩气开发中的风险进行评估，发现存在的问题，为重庆乃至全国的页岩气安全开发尽一份绵薄之力。

本书内容分为三部分共八章，具体如下。

第一部分包括第一至第三章，对页岩气开发与环境满意度进行比较深入的研究。通过对国内外的研究现状进行总结，对实证研究的基本背景进行阐述，以重庆涪陵焦石坝页岩气开采地区居民环境满意度为实证研究对象，通过 SPSS 工具对调研数据进行分析，了解页岩气开发对当地居民环保满意度的影响，进而提出相应的对策和建议。

第二部分包括第四至第六章，对页岩气开发风险评估以及安全防护问题进行研究。在对国内外页岩气开发现状、安全事故案例进行调研的基础上，基于安全风险辨识，建立页岩气开发风险评估指标体系和评估模型，从而揭示页岩气井场作业安全防护的影响因素，提出页岩气井场作业安全防护多元物理模型、页岩气井场作业安全防护数学模型。按照"经济、安全和科学"的开发原则，利用事故后果定量模拟实验进行反演，优化页岩气井场作业安全防护模型。

第三部分包括第七和第八章，对石油企业生产安全支撑体系综合评价模型进行研究。对企业安全支撑体系宏观评价模型、微观评价模型进行探讨，并通过灰关联因子分析法对关键安全特征因子进行了筛选。

本书依托重庆市教委人文社科研究项目"绿色发展视角下重庆涪陵页岩气开采区域居民生态满意度评价及对策研究（16SKGH190）"以及重庆市科委项目"页岩气勘探开发安全防护距离理论模型研究"的相关内容，在总结项目成果的基础上，由主要研究人员重庆科技学院万玺教授（第一至第三章、第七和八章）与刘竟成副教授（第四至第六章）进行撰写。本书在搜集资料的过程中，参考了国内外很多学者的论著，恕不能一一列举，这里谨向相关作者表示由衷的感谢。同时本书在撰写过程中，得到了王军以及研究生龚秀兰、涂智、王继美、尹行伦、何清白等同志的大力协助，在此一并致谢。

由于著者水平有限，加之时间仓促，书中疏漏与不妥之处在所难免，敬请有关专家和读者批评指正。

著　者

2019 年 10 月于重庆

# 目 录

## 第一部分 页岩气开发与环境满意度研究

# 第二部分　页岩气开发风险评估及安全防护

# 第三部分　石油企业生产安全支撑体系综合评价模型

# 第一部分

# 页岩气开发与环境满意度研究

# 第一章

# 页岩气开发与环境满意度研究

页岩气是指赋存于富有机质泥页岩及其夹层中，以吸附和游离状态为主要存在方式的非常规天然气，成分以甲烷为主，是一种清洁、高效的能源资源和化工原料，主要用于居民燃气、城市供热、发电、汽车燃料和化工生产等，用途广泛。页岩气生产过程中一般不用排水，生产周期长，一般为 30～50 年，勘探开发成功率高，具有较高的工业经济价值。

页岩气的形成和富集有着自身的特点，往往分布在盆地内厚度较大页岩烃源岩层中。与常规天然气相比，页岩气开发具有开采寿命长和生产周期长的优点，大部分产气页岩分布范围广、厚度大且普遍含气，这使得页岩气井能够长期以稳定的速率产气。

早在 20 世纪 70 年代，美国就开始了页岩气的研究和开发，经过近 30 年的技术攻克，近 10 年实现了规模化开采，并有效地推动了美国"能源独立"战略的实施。我国的页岩气资源十分丰富，目前我国非常规天然气总资源为 $190 \times 10^{12}$ m³，其中已探明储量约为 $2\,800 \times 10^8$ m³，页岩气技术可采资源量为 $36 \times 10^{12}$ m³，全球排名第一。近年来，我国对页岩气开发的重视程度不断提升，页岩气开发的计划也不断加速实施，在常规能源储备不断消耗减少的背景下，加强页岩气开发是缓解能源危机的一个重要途径，可以有效地保障国家能源安全，改善能源供给结构。在国家大力推进生态文明建设的大背景下，页岩气开发应扭转传统的"重开发、轻保护"的倾向，从绿色发展理念出发，坚持开发与环境保护同步，把绿色发展融入开发建设中，实现我国页岩气行业健康可持续发展。

## （一）国外页岩气开发现状

日本《读卖新闻》2018 年 5 月 29 日的报道称，联合国贸易和发展会议（UNCTAD）最新报告显示，页岩气已经成为新时代天然气能源的代表，目前全球可采页岩气总储量预计达到 $214.5 \times 10^{12}$ m³。1821 年，哈特（Hart）在纽约州弗里多尼亚（Fredonia）钻探美国陆上第一口油气井，成功获得页岩气。1926 年实现了页岩气的商业性开发，肯塔基和西弗吉尼亚气田成为当时世界上最大气田。20 世纪 70 年代，美国能源部（DOE）联合其他高等院校和科研院所实施了东部页岩气工程项目，主要研究和开发地区是阿巴拉契亚（Appalachian）、密执安（Michigan）和伊利诺斯（Llinois）盆地。在国家政策扶助、天然气价格上涨、开发技术进步等因素的推动下，20 世纪 70 年代中期，美国页岩气步入规模化发展阶段，70 年代末期页岩气产量为 $1.96 \times 10^8$ $m^3$。20 世纪 80 年代初，美国天然气研究所又对东部页岩气进行系统研究，工作重点是对页岩气的资源量进行较详细的评价。进入新世纪后，美国页岩气产量大幅度增长，处于快速发展阶段，钻井数量和产量不断攀升。2000 年，美国五个主要页岩气产区生产井达到 28 000 口，页岩气年产量约 $122 \times 10^8$ $m^3$。2007 年，美国页岩气生产井达到 42 000 口，年产量接近 $450 \times 10^8$ $m^3$，约占美国天然气年总产量（$5\,596.57 \times 10^8$ $m^3$）的 8%。其中福特沃斯盆地成为美国最大的页岩气产区，2007 年约有 8 500 口（其中水平井 4 982 口）页岩气生产井，年产量达 $305.8 \times 10^8$ $m^3$，占美国页岩气年产量的 71%。其中 1981 年发现的 Newark East 页岩气田已跻身美国十大气田行列，成为美国标志性页岩气田。2007 年该气田产量达到 $217 \times 10^8$ $m^3$。2016 年年产量跨越到 $4\,447 \times 10^8$ $m^3$，页岩气资源实现了高效开发。美国 PFC 能源咨询公司的数据显示，预计到 2020 年，页岩气产量将占美国油气总产量的约 1/3，届时美国将是全球最大的油气生产国，超过俄罗斯和沙特阿拉伯。

美国页岩气资源丰富，在其本土的 48 个州均有分布。据美国能源信息署（EIA）2011 年资料，美国页岩气技术可采资源量为 $24.39 \times 10^{12}$ $m^3$。目前，美国主要有 5 套具有商业开发价值的页岩气系统，即：福特沃斯（Fort Worth）盆地密西西比系 Barnett 页岩、阿巴拉契亚（Appalachian）盆地泥盆系 Ohio 页岩、密执安（Michigan）盆地泥盆系 Antrim 页岩、伊利诺斯（Illinois）盆地的泥盆系 New Albany 页岩和圣胡安（San Juan）盆地白垩系 Lewis 页岩。其中，福特沃斯（Fort Worth）盆地以密西西比系 Barnett 页岩为储层的 Newark East 页岩气田，勘探开发程度较高，是美国第二大非常规气田。2006 年美国非常规天然气田产量排名如表 1-1 所示。

表 1-1 美国非常规天然气田产量排名

| 排名 | 气田名称 | 盆地/州 | 天然气类型 | 日产量（$10^7$ $m^3/d$） | | |
| --- | --- | --- | --- | --- | --- | --- |
| | | | | 2002 年 | 2003 年 | 2004 年 |
| 1 | San Juan 产区 | San Juan，NM/CO | 煤层气、致密砂岩气 | 10.9 | 11.5 | 11.2 |
| 2 | Newark East | Fort Worth，TX | 页岩气 | 1.7 | 2.2 | 3.1 |
| 3 | Wyodak/Big George | Powder River，WY | 煤层气 | 2.5 | 2.2 | 2.5 |
| 4 | Jonah | GGRB，WY | 致密砂岩气 | 1.7 | 2.0 | 2.0 |
| 5 | Wattenberg/DJ 盆地 | Denver，CO | 致密砂岩气 | 1.4 | 1.4 | 1.4 |
| 6 | Carthage | East Texas，TX | 致密砂岩气 | 1.4 | 1.4 | 1.4 |
| 7 | Antrim | Michigan，MI | 页岩气 | 1.4 | 1.1 | 1.4 |
| 8 | S.Piceance 产区 | Piceance，CO | 致密砂岩气、煤层气 | 0.8 | 1.1 | 1.7 |

加拿大是继美国之后世界上第二个对页岩气进行勘探开发的国家，其页岩气资源也十分丰富，且分布面积广、涉及地质层位多，主要分布在西部地区的不列颠哥伦比亚省东北部的霍恩河（Horn River）盆地泥盆系 Muskwa 页岩气聚集带和魁北克省奥陶系 Utica 页岩气聚集带。2010 年据世界能源委员会估计，加拿大西部主要盆地（Horn River 盆地和 Montney 深盆地）的页岩气资源量为 $39.08 \times 10^{12}$ m³，可采资源量约为 $6.80 \times 10^{12}$ m³。加拿大 2003 年开始页岩气开采，2005 年产量超过 $8.5 \times 10^8$ m³，2012 年产量约 $150 \times 10^8$ m³，预计到 2020 年页岩气产量将超过 $620 \times 10^8$ m³，届时非常规天然气产量将占到加拿大天然气总产量的 50%。

加拿大页岩气勘探开发主要具有以下特点：

① 加拿大对页岩气的研究和勘探主要集中在西部沉积盆地（西加盆地的不列颠哥伦比亚东部和阿尔伯达地区）的上白垩统、侏罗系、三叠系和泥盆系。预测该区页岩气资源量约为 $24.3 \times 10^{12}$ m³（860 tcf）。目前西加盆地油气勘探重点已转向页岩气的勘探与开发，并已有多家公司加盟。

② 对东部若干盆地的密西西比系霍顿组湖相页岩作了研究和评价，认为霍顿组可形成有效的页岩气与页岩油成藏组合。其含气量为 $2 \sim 8.5$ m³/t，成熟度 $R_o$ 为 0.7%~2.5%，达到成熟到高成熟阶段。

③ 2004 年，加拿大页岩气区域评价列入能源发展目标。截至 2006 年，不列颠哥伦比亚油气委员会已核准的白垩系和泥盆系试验区达到 22 个。

④ 在西加盆地，位于不列颠哥伦比亚省中部的 Montney 页岩、Muskwa 页岩已获得商业开采，部分井已投入试采。Muskwa 页岩气井初期的日产量为 $5.7 \times 10^4 \sim 24.9 \times 10^4$ m³/d（$200 \times 10^4 \sim 880 \times 10^4$ ft³/d）。压裂级数越多，产量越高。估算的最终产量为 $1.1 \times 10^8 \sim 1.7 \times 10^8$ m³。位于魁北克省的 Utica 页岩和 Corraine 页岩只有少数气井进行了生产测试，其中一口井的初期产量为 $2.83 \times 10^4$ m³/d（$100 \times 10^4$ ft³/d）。业内人士认为如果采用水平井和多级压裂技术，将获得更高的产能。估算该页岩组的天然气可采资源量可达 $1.13 \times 10^{12}$ m³（40 tcf）。

与美国相比，加拿大页岩气开发还处于初级阶段，大规模的商业性开采还尚未进行。但目前已有许多公司投入大量资金，应用先进技术在阿尔伯特、不列颠哥伦比亚、萨斯喀彻温省、魁北克、安大略、新斯科舍等地区开展页岩气资源勘探，页岩气将有望成为加拿大重要的天然气资源之一。

此外，欧洲、亚洲、南美洲等多国也认识到页岩气资源的潜在价值，不同程度地对页岩气资源进行勘探、评估、开采。

其他国家对页岩气开发持谨慎稳健的态度。澳大利亚尽管页岩气资源十分丰富，但勘探工作仍处于起步阶段，多局限在库珀盆地、卡宁盆地以及珀斯盆地等地区。德国、法国、英国、波兰、奥地利、瑞典都启动了页岩气勘探开发计划。40 余家国际石油公司已经分别在德国、波兰、奥地利和瑞典开始了实质性的勘探与开采工作。

**（二）国内页岩气开发现状**

我国页岩气储量十分丰富，富集地质条件也十分优越，在鄂尔多斯盆地、松辽盆地、吐哈盆地、塔里木盆地、准噶尔盆地、扬子地台区、青藏等广大地区均有分布。目前我国非常规天然气总资源量大约有 $190 \times 10^{12}$ m³，其中页岩气技术可采资源量大约有 $36 \times 10^{12}$ m³。我国从 2004

年开始跟踪国外页岩气勘探开发的研究进展，并经调研证实中国页岩气资源非常丰富，具有良好的勘探开发前景。2005 年，中国石油勘探开发研究院设立了页岩气项目组，启动了北美页岩气新进展评价和中国页岩气有利区筛查工作。2009 年正式启动了首个由国家财政支持的页岩气研究和开发项目，并取得了重大突破，中国石油天然气股份有限公司（以下简称中石油）正式启动长宁、威远、昭通 3 个页岩气产业化示范区建设工作，提出建设目标 $15 \times 10^8$ m³/a。2014 年 7 月，涪陵页岩气田的成功开发标志着我国已经成为继美国和加拿大之后第三个实现商业化页岩气开发的国家。截至目前全国已钻页岩气开发井 770 口，投入生产井 530 口，探明页岩气储量 $7\,643 \times 10^8$ m³，2017 年产量 $90 \times 10^8$ m³，已形成蜀南和涪陵两大页岩气产区，涪陵页岩气田是全球除北美之外最大的页岩气田。

目前我国页岩气开发主要集中在 4 个国家级示范区，分别为中石化涪陵页岩气示范区、中石油长宁威远示范区、云南昭通示范区和延长石油延安陆相页岩气示范区。其中，中石油的长宁威远示范区进行了以"减量化、无害化、资源化"为重点的清洁生产技术探索和应用，取得了较好的环境效益；云南昭通示范区进行了高效开发模式的有益探索；延长石油的延安陆相示范区进行了陆相页岩气超临界二氧化碳压裂试验并取得成功，有望开辟一条绿色、环保、高效的陆相页岩气开发新途径。以上三个示范区在绿色开发方面做了积极的探索和实践。

**（三）页岩气开采环境风险研究现状**

面对页岩气开发中可能遇到的环境风险，我国一些学者未雨绸缪，参照国际开发经验展开了相关研究。夏玉强以美国宾夕法尼亚州马塞勒斯（Marcellus）页岩区为例，分析了其开采现状及其产生的环境问题，总结了美国页岩气开发在水资源监管上带来的启示。陈莉、任玉结合美国页岩气开采中引发的生态环境风险，认为由于我国面临地理环境限制，存在环境立法漏洞，页岩气开发所带来的环境问题更不容忽视，提出我们应重视页岩气开采的环境影响评价，发展以完善技术和环境立法相结合的措施，防范环境污染隐患。陈刚、李瑞娟等建议我国应制定一套完整的环境管理体系，包含基础研究、初期评价、过程管理、应急管理等内容，形成中国页岩气的可持续发展之路。毛成栋、张成龙专门介绍了国外页岩气环境监管法规政策，认为应坚持开发与生态保护并重原则，开展页岩气环境影响评价制度体系，构建页岩气开采环境保证金制度，完善页岩气环境监管的法律法规。丁贞玉、刘伟江、张利宾等对美国页岩气开发中有关水环境监管的法律法规制度体系进行了梳理探索，并提出我国页岩气大规模开采水环境监管思路及技术方向。鲍健强、章许、旷野等认为中国不能照搬抄袭美国页岩气开发模式，应吸取其在页岩气环境管理问题上滞后所带来的监管主动性不足的教训，逐步建立环境风险应急管理体系。

胡庆明（2014）认为重庆焦石坝地区的页岩气发现是国内页岩气勘探开发的新开端、转折点，目前该地区页岩气田已进入商业化开发阶段，中国石油化工集团公司（以下简称中石化）参与会战的施工单位牢固树立生态环保、安全生产和责任担当意识，加强生态环境风险评估，建立环境风险防控技术规范体系，强化风险监管机制，严防安全生产事故发生，确保实现页岩气开发利用安全、可控、有序、健康、可持续绿色发展。

熊德明等（2016）在了解涪陵地区页岩气开发的环保现状后，对生态环境、水资源消耗、水污染防控、固废处理等环境问题做了系统调研。通过调研发现中石化已建立页岩气开发环境保护管理体系，对大气、水、噪声、钻井液和固体废物等易污染领域进行了严密排查和防控，对环保措施落实情况进行了严格监督。在分析了页岩气勘探开发现有环保措施后，提出了一些改进措施和建议，如加强地质灾害的防控和预警、提高压裂液返排率、研发高效经济的废水处理技术、钻井液处理技术、钻屑处理技术和钻屑综合利用技术等。

董普等（2014）采用资料查阅法和实地调研法对中美页岩气开发现状进行了剖析，阐述了页岩气开发可能导致的大气和水污染问题，提出了环境保护评价指标体系，包括4项一级指标体系以及18项二级指标，并采用Delphi法（德尔菲法）、AHP法（层次分析法）等进行权重系数判断；最后根据权重系数对应的安全等级判断页岩气开发生态环境安全状况，进而对页岩气开发具体项目实施与否提供决策参考。

刘浚等（2015）认为页岩气作为非常规天然气，是一种新型能源资源。我国页岩气富集地质条件优越，在南方、北方、西北和青藏等广大地区均有分布，具有广阔的开发前景。但由于受页岩气分布分散等地质条件和水力压裂等技术问题的限制，页岩气开发也会带来一系列的环境问题。在我国生态文明建设的大背景下，应充分认识到页岩气开发在减少环境污染、改善能源结构和节能减排方面的重大意义，直面页岩气开发所带来的水资源过度消耗、温室气体逃逸、降低大气质量和引发地震等方面的环境问题。为了科学合理地开发页岩气，需要加大页岩气开发的环保宣传，增强环保意识；创新绿色技术，推动国际合作；加强页岩气开发制度建设，加强环境监管的制度保障。

陆争先等（2016）认为开采页岩气有利于优化能源结构，但同时也会带来较大的环境风险。结合国内外页岩气开采流程和技术现状，深入分析了页岩气开采过程中的环境风险，包括土地占用和污染、水资源消耗、水资源污染、大气环境影响和地质灾害。进而有针对性地提出了4个方面的安全管理对策：建立健全相关环保法律和标准规范，规范化页岩气项目环评管理，引进和探索页岩气开采新技术，实施信息合理化公开和加强社会监督。

卢景美等（2014）认为页岩气的开发为社会经济发展带来诸多机遇的同时也出现一些环境问题。通过对国外页岩气开发环境保护措施、新技术研发和应用现状的调研，结合中国页岩气资源现状，分析了伴随页岩气开发我国即将面对的水资源消耗和污染、土地占用及生态环境破坏等系列问题。研究认为环保部门应尽快完善天然气排放、废液地下灌注的相关法律和法规，政府部门应加强监管措施和专项研究，制定适合中国生态平衡的监管机制；倡导应用新技术开发页岩气，从源头上杜绝页岩气大规模商业化开发对环境的破坏。

金吉中等（2015）针对目前建设项目环评和"三同时"管理不能满足页岩气开发这一新兴产业环境保护需要的问题，通过对涪陵示范区页岩气开发特点及环境影响进行分析，总结了现阶段页岩气开发环评和"三同时"管理存在的问题：环评单元、介入时机不明确，评价依据与页岩气开发特征不符，评价内容和深度不够；"三同时"管理困难，环保竣工验收对象、内容、时间不明确。提出的建议包括：加快页岩气开发环境影响监测和研究，制定页岩气开发相关环保法规、导则和技术规范，开展页岩气开发规划环评，建立环评管理体系；建立页岩气开发"三同时"全过程动态管理机制，推进页岩气开发环境监理，制定页岩气开发环保竣工验收管理规范。

余婷婷等（2013）认为我国的页岩气勘探开发处于起步阶段，还未建立完善的环保政策，大规模开发将面临诸多环保挑战。我国页岩气主要分布在四川、重庆等南方地区，结合该区域地少人多、地质灾害多发等特点，从页岩气压裂作业所需水资源、大量压裂返排液和地层水无害化处理、勘探开发过程中噪声污染以及开发用地与耕地之间的矛盾等方面探讨了页岩气开发面临的主要环境风险，并提出了页岩气开发的环保对策建议。

徐云林等（2017）认为页岩气勘探开发会导致大量水资源被消耗、地下及地面水体被破坏、土壤被污染、水土流失等。国内页岩气开发环境管理现状主要为：国家缺乏页岩气相关环保法律法规，环境监管机制与准入机制不完善，监管部门责任和责任主体不明确，缺乏环保意识，缺乏高效环保的开发技术。为避免页岩气大规模开发所带来的环境问题，政府和企业需要：确立环境保护主体地位，加快制定环保法律法规，构建有效监管机制，完善环境监管体系；强化环境准入制度，做好环评规划工作，明确风险责任主体，完善应急管理机制；积极推进技术研发，加大科研经费投资，设立重大科技专项，加快环保技术创新。

喻元秀等（2017）通过详细介绍重庆市页岩气开发环评管理流程、环评文件形式等，系统梳理了重庆市页岩气环评管理中存在的问题，并对项目环评管理重点进行了剖析。在此基础上，由点及面，对全国页岩气环评管理提出建议。

从文献分析看，学者们主要集中在页岩气开发环保政策的研究以及环保技术的应用，但还没有涉及从开发区域居民环保满意度的视角研究页岩气开发的环保问题。究其原因，一是部分页岩气开发区域远离人群，对居民的影响很小，难以进行实证研究；二是页岩气开发的地方保护主义，造成研究难以进行。

### （四）页岩气开采潜在环境风险

#### 1. 水资源方面的风险

开采页岩气需要结合多种技术手段和方法，采用地质储量评估技术、钻井技术、固井技术、完井技术、压裂技术等一系列技术才能够低风险、高效率、低成本地开采页岩气。其中水力压裂技术是页岩气开采的关键技术，水力压裂是指用大量掺入化学物质的水灌入页岩层来增加储层的渗透性，从而使页岩气更加容易进入井筒得以采出的新技术。然而水力压裂过程中产生的废液，很容易造成地下水污染。因为水力压裂使用的压裂液除了包含 99.51% 的水、砂之外，还含有大量的化学添加剂，如杀菌剂、表面活性剂等影响水质的物质。页岩气的水力压裂过程所使用的添加剂对环境和人体有害的污染物如表 1-2 所示，并且在页岩气开采过程中，大量的有毒有害物质可能通过常规钻井作业或意外井喷发生泄漏，对地下水资源产生巨大污染。

表 1-2  页岩气开采中的污染物及影响

| 化学物质 | 分子式 | 对环境及人的影响 | 危险等级 |
|---|---|---|---|
| 乙二醇单丁醚 | $C_6H_{14}O_2$ | 有毒 | GHS07 |
| 甲基氯异噻唑啉酮 | $C_4H_4ClNOS$ | 有毒 | GHS07，GHS08，GHS09 |
| 异噻唑啉酮 | $C_4H_5NOS$ | 有毒 | GHS05，GHS08，GHS09 |
| 乙氧基壬基酚 | $C_{15}H_{24}O$ | 有毒 | GHS05，GHS07，GHS09 |
| 四甲基氯化铵 | $C_4H_{12}ClN$ | 有毒 | GHS06，GHS07 |

随着页岩气的大规模开采压裂液的用量日益增加，返排回地面的 60%～80% 的压裂返排液中混有大量的化学物质，如果曾长时间存在于页岩层中则还会混入悬浮有机物、天然放射性物质、油脂、重金属等多种污染物。除此之外，页岩气的开发过程中还会产生冲洗钻井台、钻具和其他设备的废水、生活废水等。在储存、运输、转移废水时如果废水泄漏到地下，会严重污染河流、湖泊和地下水资源，给水生态系统带来难以预计的灾难。

水力压裂技术目前仍然是页岩气开采的主要技术，但是它的耗水量是常规油气井作业的 50～100 倍。我国水资源十分紧缺，西北地区尤其缺水，其开发、运输、存储、分销和应用等过程均需要大量水资源的消耗，持续这样大规模的开采，势必使我国水资源紧缺的局面雪上加霜。并且地表水和地下水的大量消耗会造成地下水资源枯竭，导致含水层储水能力减弱，水体质量下滑，威胁当地生态系统的稳定与平衡。

**2. 大气方面的风险**

页岩气的主要成分是甲烷，甲烷是温室气体之一，同样质量甲烷导致气温上升的效力是二氧化碳的几十倍。在美国，清洁空气任务组织（CATF）基于美国环境保护局（EPA）的估算认为，从石油和天然气生产过程中释放出的天然气产生的温室效应相当于全球电厂释放出的二氧化碳导致全球变暖效应的 35%。从全球角度来看，到 2030 年，油气生产所释放的甲烷气体将是人为产生甲烷气体的最大来源，如果考虑最近几年迅猛发展的页岩气开发，该比例还会提高。与常规天然气开发一样，在开发、运输及存储过程中将不可避免地有甲烷泄漏到大气中，特别是在压裂液返排过程中有大量甲烷直接排入大气环境。

页岩气燃烧产生的挥发性有机化合物（VOCs）、氮氧化物以及碳氢化合物排入空气中，在一定的条件下，会产生光化学烟雾污染。开采所需的动力设备及运输设备如钻机、压缩机、卡车和其他机械设备运行过程中也会产生大量的氮氧化物及碳氢化合物，加剧光化学烟雾污染。页岩气开采注水过程需要柴油机提供动力，在消耗柴油的过程中会溢出大量苯系物，会产生氮氧化物、颗粒物、粉尘等空气污染物。

**3. 地质方面的风险**

页岩气开采过程中可能会使用油基泥浆，会产生大量钻井岩屑和污泥，存放和处置不当可能会引起周边土壤污染。压裂液和化学药品在存放和使用过程中若有不慎也会污染土壤。页岩气开采钻探过程中各种钻井废液的溢出和泄漏也会导致钻井平台周边土壤的污染，改变原有土地利用方式，造成土壤扰动。由于页岩气自身特点，页岩气的开发需要铺设管道，所需的管道多，施工过程中会对周边环境及植被产生破坏性影响。页岩气井水力压裂过程中需要大量大型施工设备，所占用的土地面积比常规油气的钻井区大很多。它会对地表植被造成破坏，污染土壤表面或浅层地表；破坏野生动物栖息地，威胁到物种生存和生物多样性；导致水土流失、地表沉降、滑坡等问题，加剧土地矛盾。

在水力压裂开采页岩气的过程中，大规模开采会导致断层活化、地质结构改变，诱发滑坡和地震等地质灾害。有学者认为，页岩气开采水力压裂法是引发美国多场地震的诱因。

**4. 其他环境风险**

除过上述环境问题，页岩气的开发过程中还会带来其他的环境问题，如噪声污染、身体病害等一系列问题。水平钻井、水力压裂、井场建设和天然气运输中所用的压缩机运行等都会存在噪声污染，对周围居民生活不可避免地造成影响；水力压裂的过程需要大量压裂液会需要很多罐车往返运输，在一些非硬化路面就会产生大量扬尘，并且给当地的交通带来很大的压力；在钻井和水力压裂过程中会排出地层中铀、钍及其衰变产物镭等一些放射性元素，会对现场操作人员的身体健康造成严重影响。

**（五）页岩气开采环境风险研究综合分析**

研究者运用 CiteSpace 软件[①]进行文献研究。

**1. 基于中国知网（CNKI）文献资源的数据挖掘研究**

基于中国知网（CNKI）数据库，本文选择主题词检索，以环境为主题词，并且包含关键词页岩气，时间跨度为 1990 年至 2018 年，期刊来源选择：SCI、EI 来源期刊、核心期刊、CSSCI、CSCD。检索到 145 条文献，样本过小且发表时间集中于 2009 年至 2018 年，遂决定将来源期刊设置为所有期刊，时间跨度调整为 2009 年至 2018 年。检索时间为 2018 年 10 月 13 日，共检索到 356 条文献，对它们进行人工筛选，剔除会议记录、报纸、通知、征稿启事等无用信息及实际与研究内容不相关文献，最后得到 337 条文献。由于 CNKI 导出的数据不包含引文信息，所以本文无法进行文献的被引性分析。

**（1）基本数据分析**

运用 Excel 软件统计这 337 篇论文的期刊载文量、作者及其机构的发文量，借助信息可视化软件 CiteSpaceⅢ绘制作者合作图谱、机构合作图谱、高频关键词、聚类图谱及时序图，对突现关键词进行探测，对各知识图谱进行简单解读。作者发文数量、机构发文数量和文献时间表如图 1-1、图 1-2、图 1-3 所示。

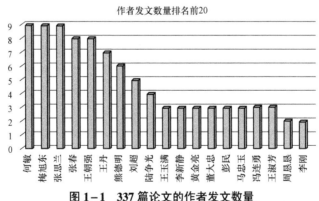

**图 1-1　337 篇论文的作者发文数量**

---

① CiteSpace 软件是由美国德雷克塞尔大学的华裔教授陈超美研发的，是目前全球有较大影响力的可视化信息分析软件之一，目前该软件的分析领域更加倾向于规律相对客观而容易捕捉的自然科学。根据一些逻辑证实主义学者的观点：自然科学大多是对事实的客观陈述和评价，而社会科学更倾向于对一些规律的主观表述。关于这个现象，陈超美教授认为 CiteSpace 软件可同时适用于两个领域，且应该拥有相同的分析价值。

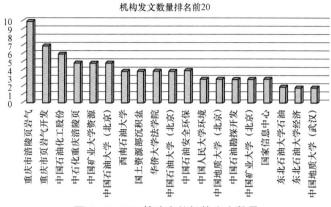

**图1-2　337篇论文的机构发文数量**

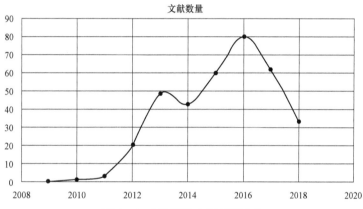

**图1-3　337篇论文的时间分布**

（2）作者合作图谱

通过追踪对页岩气开采环境风险研究领域有重要学术影响力的作者，可以迅速定位到他们发表的重要文献，这些文献可能是某研究领域内的"关键点"和"分水岭"，其研究方式、方法和结论可能影响着后续的研究方向。图1-4显示了页岩气开采中环境风险问题研究的作者合作图谱。图中每一个节点代表一个发文作者，圆形节点及节点文字的大小表示发文的数量；节点之间的连线表示作者之间存在合作关系，连线越粗，合作次数越多。如图1-4所示，排名前7位的作者（何敏、梅续东、张思兰等）同时也构成了最大的合作团体。从整体研究现状来看，学者的研究普遍呈现合作的趋势。

（3）发文机构合作图谱

机构与机构之间的合作图谱显示，其网络密度仅为0.016，表明机构之间的合作整体比较离散，如图1-5所示。可以看到，重庆市涪陵页岩气环保研发与技术服务中心、重庆市页岩气开发环境保护工程技术研发中心两家机构不仅发文量领先，同时以这两家机构为中心构成了整个研究领域最大的机构合作网。另外，以中国石化股份有限公司石油勘探开发研究院为中心及中国矿业大学资源与地球科学学院为中心的两个团体合作也较为紧密；除此之外，其余少数机构之间合作仅以两两合作方式进行，大部分机构之间以内部合作为主的现象较为明显。

（4）关键词共现图谱

关键词是对一篇文献主题的高度概括，高频关键词常常被用来确定一个领域的研究热点。研究选取关键词作为节点，分析时间切片为 1 年，连线强度选择 Cosine，"Top N＝50"，分析项目选择网络精简算法来精简每个切片网络，其他选择软件默认设置，生成了图 1－6 所示的关键词共现网络图谱（其中如默认关键词"页岩气"，节点远远大于其他关键词，对图谱的阅读产生了较大影响，已从图谱中去掉）。图中每一个三角形节点代表一个关键词，其形状大小及节点文字大小均代表该关键词出现的频次高低。连线的多少则说明关键词共现的系数，连线越多则代表关键词间相互联系越密切。我们从图 1－6 可以看出热点词汇有"页岩气（未在图谱中显示）""环境影响""水力压裂""页岩气开发""沉积环境"等。

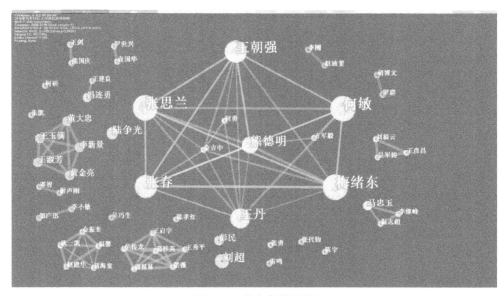

**图 1-4　作者合作图谱**

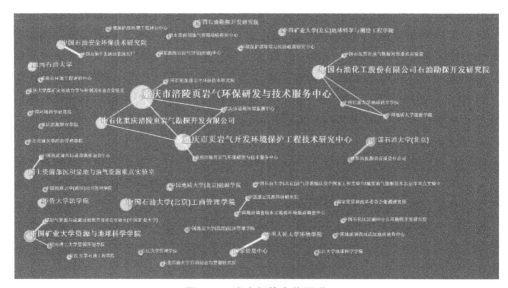

**图 1-5　发文机构合作图谱**

**图 1-6　关键词共现图谱**

同时与"能源安全"连线的只有"美国"和"英国"。有学者统计，2017 年美国对中国出口原油 $765.3 \times 10^4$ t。2018 年 1 月，出口量达到 $200.7 \times 10^4$ t，中国超过加拿大成为美国原油出口最大目的地国。相比石油，天然气是更加清洁的能源，其中页岩气更是成为近几年能源革命的热点词汇。中国缺油少气，但页岩气资源非常丰富，开发页岩气一方面对于中国减少油气对外依赖、减少煤炭消费量、调整能源消费结构、保证能源安全等方面意义重大；另一方面，美国提出"美国能源优先计划"，力图重塑全球能源格局，开发页岩气将对我国未来能源贸易产生深远影响。

另外，图 1-6 中与"安全"相连接的只有"开采风险"。一提到安全，很多学者首先想到的是生与死，而不会把它和环境、健康等因素直接联系到一起。这里的"安全"没有与各种环境和健康相关的关键词紧密联系，也反映出中国作为发展中国家，安全概念更加偏重于技术和生产，安全观念还有待进一步提高。

另外，由于中介中心性反映了一个节点在整个网络中"媒介"的能力，在一定程度上也能够反映研究的热点，因此，本书中将频次和中介中心性结合起来作为研究热点的判断依据，对高频关键词以及高中心性关键词进行了统计排序，如表 1-3 所示，频次排在前五位、且中介中心性大于 0.1 的关键词是"页岩气""环境保护""水力压裂""页岩气开发""环境污染"，说明这些关键词就是页岩气开发环境风险问题研究领域的热点。

**表 1-3　高频和高中心性关键词综合排名**

| 序号 | 关键词 | 中介中心性 | 数量 | 年份 |
|---|---|---|---|---|
| 1 | 页岩气 | 1.27 | 281 | 2011 |
| 2 | 环境保护 | 0.13 | 17 | 2013 |
| 3 | 水力压裂 | 0.12 | 28 | 2012 |
| 4 | 页岩气开发 | 0.12 | 26 | 2012 |
| 5 | 环境污染 | 0.1 | 10 | 2013 |

（5）关键词聚类图谱

关键词聚类分析是在共现分析的基础上，利用聚类的统计学方法，把共现网络关系简化为数目相对较少的聚类的过程。本文中选取（LLR）算法对每个聚类进行自动标识，阈值设置为 5，聚类数量为 6，生成关键词聚类图谱，如图 1-7 所示。

**图 1-7　关键词聚类图谱**

聚类#0："页岩气"是最大的聚类，包含"水力压裂""防控措施""沉积特征""开发区域"等 21 个关键节点，这个聚类中，主要时间集中在 2015 年，研究者们普遍聚焦的是开采过程中的技术问题。

聚类#1："环境保护"包含"环境风险""减排措施""美国"等 14 个关键节点。这个聚类中的发表文献主要出现在 2014 年。在可持续发展的背景下，大量的研究者们关注了页岩气开采中的各类涉及环境保护的问题。

聚类#2："沉积环境"包含"龙马溪组""四川盆地""沉积相"等 11 个关键节点，研究者们从技术层面深入研究了中国特别是四川盆地的页岩气开采问题。

聚类#3："环境污染"包含"页岩气开发""环境监管""水资源"等 11 个关键节点，这个领域的研究主要涉及环境污染及监管方面的问题。

聚类#4："天然气"包含"环境影响""涪陵""资源开发"等 8 个关键节点，作为重要的清洁能源，天然气特别是页岩气的开发，仍然是非常热门的研究领域。

聚类#5："开发"作为最小的一个聚类，只包含了"开发""能源""法律法规"三个关键节点，这个领域的研究，主要探讨的是关于页岩气开发相关的法律法规问题。

（6）关键词突发性检测

突变词是特定时段内出现较多或使用频率较高的词，根据突变词可以判断研究领域的前沿。图 1-8 展示了 2009 年至 2018 年排名前 3 位的突变词。可以看到，2012 年至 2013 突现的关键词是"天然气"和"美国"；2013 年至 2014 年突变词是"开发"。

Top 3 Keywords with the Strongest Citation Bursts

| Keywords | Year | Strength | Begin | End | 2009–2018 |
|---|---|---|---|---|---|
| 天然气 | 2009 | 3.528 8 | 2012 | 2013 | |
| 美国 | 2009 | 4.111 8 | 2012 | 2013 | |
| 开发 | 2009 | 2.663 3 | 2013 | 2014 | |

**图 1-8　关键词突发性检测**

在聚类图基础上,按时间片段统计前沿关键词时序图谱,如图 1-9 所示。"天然气""水力压裂""环境风险""环境保护""环境监管""能源革命""能源安全"等关键词连接着时区内若干个小节点,是整个时区的基础和支撑。从时序图中,我们可以看出对页岩气开采的环境风险研究基本可以分为三个阶段:① 前期研究阶段,学者们主要关注的是页岩气的勘探、开发等技术问题,也涉及一些环境保护问题;② 中期研究阶段,对于环保的呼声愈发强烈,研究的重心开始向清洁能源的开发转移。同时开采过程中的水污染、大气污染等问题受到研究者们的重视;③ 后期阶段,有了前两阶段的积累,学者们将页岩气这一清洁能源的开发,提升到了国家战略高度,与之相关的开发与研究不仅契合绿色发展观,同时对于推动我国能源革命、优化能源结构有着深远的影响。

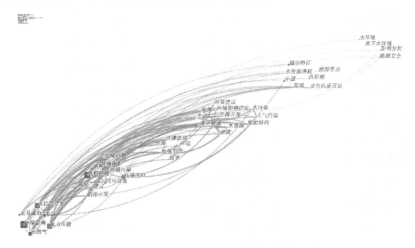

**图 1-9　关键词时序图谱**

**2. 基于 Web of Science 核心集合数据库的数据挖掘研究**

为了研究国外对于页岩气环境问题的研究。研究者继续选择 Web of Science 核心集合数据库。以环境为主题词,并且包含关键词页岩气,出版时间为 2009 年至 2018 年,检索时间为 2018 年 10 月 19 日,共检索到 717 条文献。

（1）基本数据分析

本文运用 Web of Science 自带工具和 Excel 软件统计这 717 篇文献的作者及其机构的发文量,借助信息可视化软件 CiteSpaceⅢ绘制作者合作图谱、机构合作图谱、高频关键词、聚类图谱及时序图,并对突现关键词进行探测,并对各知识图谱进行简单解读。作者发文数量、机构发文数量和文献时间表、来源期刊分布如图 1-10、图 1-11、图 1-12、图 1-13 所示。

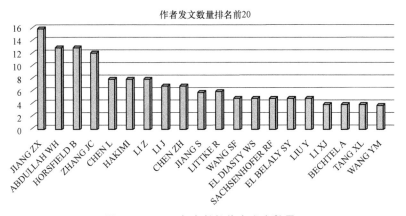

**图 1-10　717 条文献的作者发文数量**

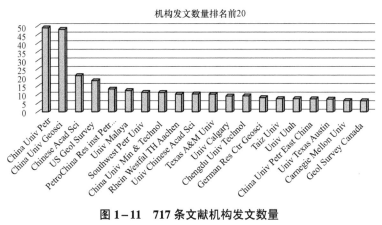

**图 1-11　717 条文献机构发文数量**

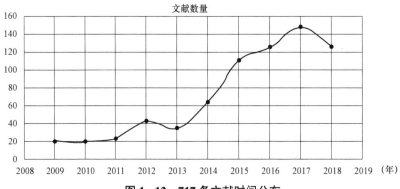

**图 1-12　717 条文献时间分布**

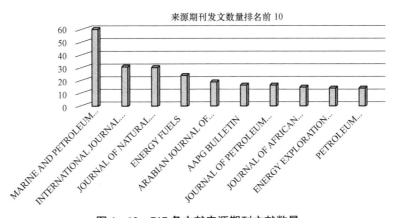

来源期刊发文数量排名前 10

**图 1-13　717 条文献来源期刊文献数量**

（2）作者合作图谱

通过追踪对页岩气开采环境风险研究领域有重要学术影响力的作者，可以迅速定位到他们发表的重要文献，这些文献可能是某研究领域内的"关键点"和"分水岭"，其研究方式、方法和结论可能影响着后续的研究方向。图 1-14 显示了页岩气开采中环境风险问题研究的作者合作图谱。图中每一个节点代表一个发文作者，圆形节点及节点文字的大小均显示发文数量的多少；节点之间的连线表示作者之间存在合作关系，连线越粗，合作次数越多、强度越高；圆圈的厚度色环越厚，表示在对应的年份发文越多。节点阈值为 3。排名前 5 位的作者分别是 JIANG ZX、ABDULLAH WH、HORSFIELD B、ZHANG JC、CHEN L。同时，除 ABDULLAH WH 以外，以其他四人为中心构成了整个研究领域最大的作者合作团体。从整体研究现状来看，学者的研究普遍呈现合作的趋势。

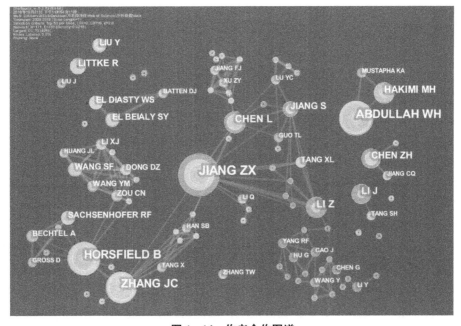

**图 1-14　作者合作图谱**

（3）发文机构合作图谱

机构与机构之间的合作图谱如图1-15所示，机构间连线错综复杂，说明不同的机构间合作比较广泛，但其网络密度（Density）值仅为0.019，这表明机构之间的合作比较广泛但强度偏低。其中，China Univ Petr（中国石油大学）和China Univ Geosci（中国地质大学）两所高校发文量遥遥领先（分别为50篇和49篇，详见图1-11），以两所高校为中心构成了整个研究领域最大的机构合作网。其余大部分高校和研究机构之间也有着相当广泛的合作关系；此外，也存在少数高校如Univ Oklahoma（美国俄克拉何马大学）以内部合作为主的研究方式。

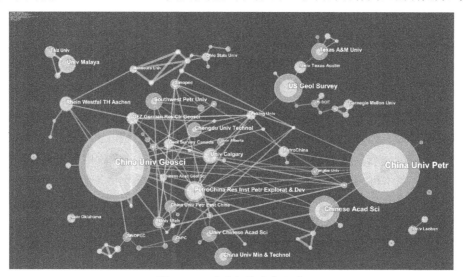

**图1-15 发文机构合作图谱**

（4）研究热点：关键词共现图谱

关键词是对一篇文献主题的高度概括与凝练，高频关键词常常被用来确定一个领域的研究热点。本文研究选取关键词作为节点，分析时间切片为1年，连线强度选择cosine，"TopN=50"，分析项目选择方法为网络精简算法来精简每个切片网络，阈值为5。另外，为了让图谱更加简洁明了，作者去掉了所有出现频率低于3次的关键词，其他选择软件默认设置，生成了如图1-16所示的关键词共现网络图谱。图中每一个三角形节点代表一个关键词，其形状大小及节点文字大小均代表该关键词出现的频次高低。连线的多少则说明关键词共现的系数，连线越多则代表关键词间相互联系越密切。我们从图中可以看出热点词汇有"shale gas（页岩气）""source rock（烃源岩）""environment（环境）""organic matter（有机质）""depositional environment"（沉积环境）等。

另外，由于中介中心性反映了一个节点在整个网络中"媒介"的能力，在一定程度上也能够反映研究的热点，因此，本书中将频次和中介中心性结合起来作为研究热点的判断依据，对高频关键词以及高中心性关键词进行了统计排序，如表1-4所示，出现频次排在前9位，且中介中心性大于0.1的关键词是"basin（盆地）""black shale（黑色页岩）""pyrolysis（热解）""environment（环境）"等等。我们发现，关键词的中心性和它出现的频次，并没有明显的相关性。表内的关键词同时兼顾了这两项指标，说明它们就是页岩气开发环境风险问题研究领域的热点。

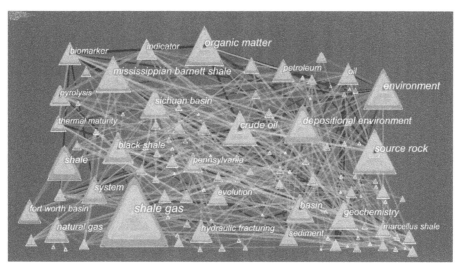

图 1-16  关键词共现图谱

表 1-4  关键词中心性排名

| 序号 | 关键词 | 中心性 | 数量 | 年份 |
| --- | --- | --- | --- | --- |
| 1 | basin | 0.28 | 47 | 2009 |
| 2 | black shale | 0.21 | 52 | 2010 |
| 3 | pyrolysis | 0.21 | 31 | 2009 |
| 4 | Sichuan basin | 0.17 | 51 | 2013 |
| 5 | environment | 0.16 | 71 | 2010 |
| 6 | shale gas | 0.15 | 120 | 2011 |
| 7 | sediment | 0.15 | 37 | 2010 |
| 8 | depositional environment | 0.11 | 65 | 2009 |
| 9 | origin | 0.10 | 21 | 2011 |

（5）研究领域：关键词聚类图谱

关键词聚类分析是在共现分析的基础上，利用聚类的统计学方法，把共现网络关系简化为数目相对较少的聚类的过程。本书中选取（LLR）算法对每个聚类进行自动标识，阈值设置为 20、聚类数量为 8 的关键词聚类图谱，如图 1-17 所示。

聚类#0："lacustrine shale（湖相页岩）"是最大的聚类，包含"Mississippian Barnett shale（密西西比系巴涅特页岩）""Sichuan basin（四川盆地）""Fort Worth basin（福特沃斯盆地）"等 37 个关键节点，主要研究时间集中在 2014 年，在这个聚类中，研究者们普遍聚焦的是开采过程中的地质条件和环境问题。

聚类#1："hydraulic fracturing（水力压裂）"包含"shale gas（页岩气）""natural gas（天然气）""Marcellus shale（马塞勒斯页岩）""methane（甲烷）"等 32 个关键节点。这个聚类中的发表文献也主要出现在 2014 年，该研究领域主要关注的是与水力压裂相关的页岩气开采技术问题。

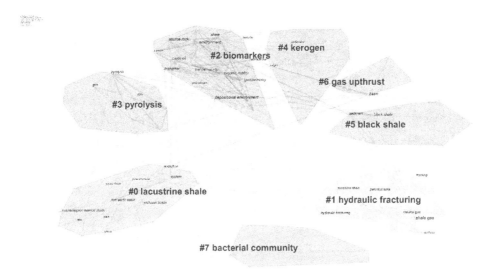

**图 1-17　关键词聚类图谱**

聚类#2："biomarkers（生物指标）"包含 "source rock（烃源岩）""organic matter（有机质）""crude oil（原油）""Late Cambrian（晚寒武世）"等 31 个关键节点，该领域研究时间主要集中于 2010 年，学者们从各种具体的有机质来分析页岩气开采中的生物指标。

聚类#3："pyrolysis（热解）"包含 "gas（天然气）""coal（煤）""organic rich shale（富有机质页岩）""prediction（预测）"等 26 个关键节点，主要研究时间集中于 2012 年，该领域主要从热解的角度探究页岩气的形成机理及赋存条件，并借此对其进行科学的预测。

聚类#4："kerogen（干酪根）"包含 "indicator（指标）""origin（起源）""maturation（成熟度）""water（水）"等 22 个关键节点，主要研究时间集中在 2012 年，该领域的主要研究方向是以干酪根为关键词探究它从形成到成熟的历程，进而对页岩气的水环境、沉积环境等进行研究。

聚类#5："black shale（黑色页岩）"包含 "sediment（沉积物）""diagenesis（成岩作用）""stratigraphy（地层学）""trace metal（微量金属）"等 19 个关键节点，主要研究时间集中在 2012 年，该领域主要是以地层学为基础，从各个角度用不同的指标对黑色页岩的成岩作用进行研究。

聚类#6："upthrust（逆冲断层）"包含 "basin（盆地）""carbonate（碳酸盐岩）""tectonics（构造）""multidisciplinary investigation（多学科研究）"等 13 个关键节点，主要研究时间集中在 2013 年，该领域主要以碳酸盐岩、泥岩、泥底辟构造等方面对盆地的各种地质属性进行多学科交叉研究和探索。

聚类#7："bacterial community（细菌群落）"，七号聚类为最小的一个聚类，只包含 "Barnett Shale（巴涅特页岩）""oil field（油田）""diversity（多样性）""petroleum system（含油气系统）"等 9 个关键节点，主要研究时间集中在 2013 年。巴涅特页岩气最早应用水平钻井和水力压裂技术进行开采，由此为世界打开了页岩气开发的大门，该领域是以生物学为基础，以细菌群落的多样性为切入点，展开与之相关的研究。

（6）研究趋势：突变词检测

突变词是特定时段内出现较多或使用频率较高的词，根据突变词可以判断研究领域的前沿。图 1-18 展示了 2009 年至 2018 年排名前 20 位的突变关键词。我们可以看到，在这十年间的不同阶段，我们分别检测到不同的突变关键词。2009 年至 2012 年，它们是 "crude oil（原油）""basin（盆地）""marine（海相）""trace element（微量元素）" 等；2013 年至 2015 年，它们是 "evolution（演化）""Gulf of Mexico（墨西哥湾）""petroleum（石油）""generation（形成）" 等；而 2016 年至 2018 年，它们是 "Northeastern British Columbia（不列颠哥伦比亚省东北部）""marine shale（海相页岩）""gas adsorption（气体吸附）""surface area（表面）" 和 "lacustrine shale（湖相页岩）"。

Top 20 Keywords with the Strongest Citation Bursts

| Keywords | Year | Strength | Begin | End | 2009–2018 |
|---|---|---|---|---|---|
| crude oil | 2009 | 5.054 2 | 2009 | 2011 | |
| basin | 2009 | 3.283 6 | 2009 | 2011 | |
| marine | 2009 | 2.495 7 | 2010 | 2011 | |
| trace element | 2009 | 2.403 | 2010 | 2011 | |
| geochemistry | 2009 | 3.069 3 | 2010 | 2011 | |
| organic geochemistry | 2009 | 3.008 2 | 2010 | 2012 | |
| sediment | 2009 | 2.449 3 | 2010 | 2011 | |
| evolution | 2009 | 2.995 8 | 2010 | 2013 | |
| gulf of mexico | 2009 | 3.000 4 | 2011 | 2012 | |
| petroleum | 2009 | 5.016 8 | 2012 | 2014 | |
| generation | 2009 | 4.644 7 | 2012 | 2013 | |
| emission | 2009 | 3.764 7 | 2014 | 2016 | |
| stratigraphy | 2009 | 2.560 9 | 2014 | 2016 | |
| lithofacy | 2009 | 3.643 | 2015 | 2016 | |
| risk | 2009 | 2.545 6 | 2015 | 2016 | |
| northeastern british columbia | 2009 | 3.997 8 | 2016 | 2018 | |
| marine shale | 2009 | 3.327 6 | 2016 | 2018 | |
| gas adsorption | 2009 | 3.662 5 | 2016 | 2018 | |
| surface area | 2009 | 3.327 6 | 2016 | 2018 | |
| lacustrine shale | 2009 | 2.445 3 | 2016 | 2018 | |

**图 1-18　突变词检测**

在聚类图基础上，设置阈值 40（词频小于 40 的关键词将不会在图中显示节点名称），按照时间片段统计前沿关键词时序图谱，如图 1-19 所示。其中，"organic matter（有机质）""source rock（烃源岩）""environment（环境）""shale gas（页岩气）""sichuan basin（四川盆地）""natural gas（天然气）""impact（影响）""organic compound（有机化合物）" 等关键词连接着时区内若干个小节点，是整个时区的基础和支撑。从时序图中，可以看出对页岩气开采的环境风险研究基本可以分为三个阶段：前期研究阶段，学者们主要聚焦于原油、有机质、烃源岩、沉积环境、盆地等页岩气开采中的具体问题，研究偏重于具体物质和开采技术；中期研究阶段，研究者们的关注重心逐渐转向盆地、中国能源、风险、能源模式、环境污染等宏观问题，研究的角度更加系统和全面并开始思考能源带给人们的环境问题；近期研究阶段（该部分关键词较新颖，词频普遍较小，远远小于设定阈值，故均未显示关键词名称），开始出现"optimization（优化）""policy（政策）"等关键词，这表示该阶段已经不再停留于技术研究和环境保护，更多关注的是能源结构的优化、更加科学的能源政策等，得以用新的高度审视关于页岩气的环境问题。

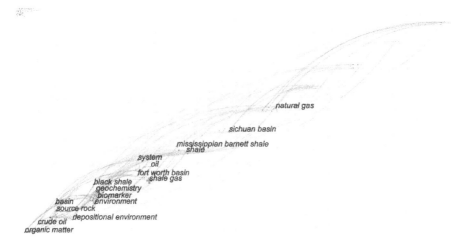

**图 1-19　关键词时序图谱**

### （六）页岩气环保满意度评价研究

1965 年，Cardozo 将"顾客满意（CS）"这一概念引入市场营销领域。对于顾客满意定义的研究，目前仍然没有统一的认识，主流的观点认为顾客满意是指顾客个体对其付出的代价获得补偿程度的一种认知状态。Oliver 和 Linda（1981）认为，顾客满意是"一种心理状态，顾客根据消费经验所形成的期望与消费经历一致时而产生的一种情感状态"。Tse 和 Wilton（1988）则认为，顾客满意是"顾客在购买行为发生前对产品所形成的期望质量与消费后所感知的质量之间所存在差异的评价"。Churchill 和 Surprenant（1981）把顾客满意视为产品购买者比较预期结果的报酬与投入成本后的评价。

满意度评价在多个领域都有应用，例如汪昕宇等（2016）以北京地区新生代农民工为研究对象，在明确就业满意度构成因素的基础上，运用因子分析法构建适合新生代农民工城市就业满意度模型和评价量表，并对新生代农民工的就业满意度进行分析评价。

刘妍等（2009）基于深度访谈和问卷调查，采用 SPSS11.5 统计软件对调查结果进行了较为详细的人口学特征分析，再结合 I/P 分析法，对吸引力因子重要性、满意度，以及期望值进行对比分析，最后综合定性和定量研究结论，提出了进一步开发的意见和建议。

陈渊博等（2018）借鉴《广东省宜居社区评定标准》中的评价因子，制定居民满意度调查问卷，选取广州、深圳、珠海三地经过 2009 年社区宜居改造、并于 2013 年获得"宜居社区"建设称号的 6 个社区为案例，进行实地调研。通过居民对社区的宜居性评价，获取居民对自身社区宜居改造的满意度量化数据，结合层次分析法（AHP 法）和线性求和模型进一步综合分析当前广东省社区宜居建设尚存的问题。

张夏恒等（2017）以大气科学类中文核心期刊为研究对象，构建出期刊微信公众号满意度评价指标体系，确定各指标的取值方法，结合 Saaty 标度法，计算组合权重，进而构建出评价模型。

在李晓文（2015）认为基于学习过程体验和学习效果而作出的满意度评价，在设计翻转课堂的评教指标时应予以考虑。学生对翻转课堂教学的质量感知主要受课程特征、教学设计、师生互动、网络学习平台和学习资源等五大关键因子影响，教师在翻转课堂教学实践中也应予以重点关注。

刘杨等（2016）从学生满意度的视角，参考国内外高等教育教学质量评价指标，设计了评价高校中外合作办学教学满意度的五维量表，并通过抽样调查进行了信效度检验。研究发现，该量表具有较好的信效度；学生对合作办学教学的期望值较高，而对教学的满意度平均水平并不理想。

党云晓等（2016）以环渤海地区为案例区，综合运用多层线性模型、GIS 空间分析和多元线性回归分析模型，基于居民主观感受数据，对研究区域内 43 个城市的居住环境进行评价，并探讨城市客观特征对主观评价结果的影响。

尹敏（2018）认为近年来我国对外贸易迅猛发展，只有以客户为中心、不断提高客户满意度，货运代理企业才能在竞争中取得优势。研究者从客户满意度理论出发，分析货运代理企业客户满意度的特性及切入点，从而构筑相应的客户满意度评价指标体系，为货运代理企业客户满意度战略的实施提供一定的借鉴。

徐兰等（2008）将灰色理论引入企业员工满意度评价中，建立了基于灰色关联分析的企业员工满意度评价模型。模型采用灰色关联分析法将评价因素间的不完全确知关系进行白化，减少了主观因素的影响，提高了评价结论的准确性，为企业员工满意度评价提供了一种新方法。

郭淑馨（2018）以高等教育人才培养体系中的硕士人才教育情况为研究对象，结合结构方程模型，就目前我国高校专业型硕士教育满意度的评价展开研究。通过对结构方程模型、教育满意度等相关理念进行概念解析，对专业型硕士教育满意度评价结构方程模型的构建情况进行了综合探讨，最后在以上研究的基础上就高校专业型硕士教育满意度的提升策略给出了科学的建议。

邢权兴等（2014）以西安市免费公园为例，运用模糊综合评价法进行游客满意度评价，发掘影响免费公园游客满意度的显著因子，探讨基于游客满意度的免费公园发展策略。结果表明：游客对西安市免费公园的满意度达到基本满意水平；通过 Pearson 相关系数分析发现公园的总体环境卫生、花草树木景观、遮阳避雨设施等是影响满意度的显著因子；通过对 14 项评价因子的重要度及满意度分析，得出免费公园在发展中的优势与弱势。

王金龙等（2016）据京冀生态水源保护林建设项目中的农户和当地林业主管部门的调查数据，从农户和政府的视角研究项目实施后农户和政府的满意情况，通过 16 项具体满意度评价指标及项目总体满意度评价，采用描述性统计、方差分析、多重比较和相关系数等方法，分析了农户和政府满意度均值的差异程度以及总体满意度评价的分布情况，并对农户和政府内部的指标满意度进行两两比较，在分析具体指标与项目总体满意度相关性的基础上，通过象限图对项目各项指标的满意度与重要性进行分析。

许国兵等（2007）从顾客满意度的视角，提出了基于顾客满意度指数模型的物流外包满意度评价指标体系，构建了基于网络层次分析法的物流外包满意度评价方法，最后对该方法进行了实证研究，依据评价指标值计算外包满意度并利用满意象限图进行了对照分析，实证表明了模型的有效性和可行性。

方凯等（2012）在已有研究的基础上，从物质性农村公共品和精神性农村公共品两个层面设计了农民满意度评价量表，以湖北省农户的调查数据为依据，用因子分析法对被调查地区的农村公共品农民满意度进行了评价。研究表明，被调查地区农村公共品农民满意度总体上偏低；但农民对精神性农村公共产品表现出较高的满意度，而对物质性农村公共产品表现出较低的满意度；农村物质性公共产品供给不足成为影响农民满意度、农村和谐和新农村目标实现的重要障碍。

燕婷（2018）构造针对校园餐厅顾客满意度的评价指标，得到顾客满意度的模糊数学评价模型，通过专家打分确定权重，利用最大化原则得到满意度等级。

何晨曦等（2015）基于来自全国 111 个行政村、1 033 个农户的调研数据，运用描述统计方法和有序 Logistic 模型，对农户对农业科技服务满意度评价及其影响因素进行了实证研究。结果表明，农户对农业科技服务满意度评价处于中等偏下的水平。依据实证分析结果从提高农业科技服务供给水平和改善农户获取农业科技信息的方式这两个方面给出了提高农户对农业科技服务满意度评价的政策建议。

易平等（2014）在分析地质公园游客满意度内涵和评价理论框架的基础上，运用文献资料法和实地考察法构建了地质公园游客满意度评价指标体系和评价模型，采用问卷调查的方式对嵩山世界地质公园游客满意度进行了实证研究。

岳俊芳等（2016）在分析总结顾客满意度以及网络教育学生满意度评价等相关文献调研的基础上，以中国人民大学网络教育为例，设计了远程学习者二维满意度评价指标体系和评价方法。通过开展问卷调查获得了评价数据，利用 SPSS19.0 对评价数据进行了统计分析。研究中利用因子分析、独立样本 T 检验法对问卷进行了检验和修订，修订后的二维满意度评价量表结构良好、信度较高。对满意度各因素及其项目进行了分析评价，对不同群体学生的多项指标进行了差异比较。

学者们充分应用模糊数学评价方法、因子分析法、层次分析法、Saaty 标度法、灰色关联分析法、结构方程模型评价法、问卷调查法等满意度评价方法，这些研究对于页岩气环保满意度的研究起着指导作用。满意度的核心是一种基于比较的评价，具体到环保满意度，即为环保期望与实际感受的比值。

从 2005 年开始，中华人民共和国生态环境部相继推出了《环评公众参与办法》和《环境信息公开办法》两部规章，就是希望为公众的环保参与提供法律平台。同时，"中国公众环保民生指数"（简称"民生指数"）应运而生，它是由中华人民共和国生态环境部指导、中国环境文化促进会组织编制的国内首个环保指数，被誉为中国公众环保意识与行为的"晴雨表"。从文献分析上来看，目前针对各地的环境质量评价指标体系的研究居多，但是针对公众的满意度评价的文献较少。

# 第二章

# 生态环境满意度评价实证研究的基本背景

### （一）页岩气成为能源新宠但增长速度趋缓

随着经济全球化步伐的加快，世界各国对于能源的需求不断攀升，能源保障压力日益增大。随着勘探和开发技术的不断提高，页岩气等非常规能源逐渐进入人们的视野。页岩气是一种重要的非常规天然气资源，较常规天然气相比，页岩气开发具有开采寿命长和生产周期长的优点。大部分产气页岩分布范围广、厚度大，且普遍含气，页岩气井能够长期、稳定产气，这使得页岩气备受关注。随着水力压裂技术日臻成熟，美国、加拿大等页岩气商业化开采的成功，在世界范围内兴起了页岩气开发热潮，页岩气迅速成为能源新宠。

就美国而言，页岩气储量丰富，按美国目前对天然气的需求计算，北美洲以外地区的可开采页岩气储量，可让美国用上 211 年，甚至可达 690 年。在 2000 年，页岩气产量还达不到美国天然气供应的 1%，2006 年产量就达 $311 \times 10^8$ $m^3$，占美国天然气年总产量的 6%，2010 年美国页岩气产量占天然气总产量的 13%，2011 年年产量达 $1\,800 \times 10^8$ $m^3$，占天然气总产量的 34%。页岩气已经成为美国重要的非常规天然气资源。由于开采页岩气使得能源成本明显下降，美国的化工、制造业出现"回流"现象，产业竞争力有所提升。受美国页岩气成功开发影响，全球开始页岩气革命，页岩气勘探开发呈快速发展态势。但接下来页岩气投资与开发增速放缓，2013 年美国天然气产量只比 2012 年增长 1.5%，这是 2005 年开始大范围使用新钻探技术以来的最低年增长率。IAF 研究顾问公司主管 Kyle Cooper 表示："全部产量的增长都来自页岩气，页岩气的产量下滑很快。现在的数据正在反映这个事实。这也就是说，石油公司需要不停地开钻新井。这意味着公司需要维持高频率的钻井才可保证增产。"有关页岩气产业是泡沫产业的质疑开始增多。

## （二）中国页岩气储量丰富但开发难度大

2011 年 12 月 30 日，中华人民共和国自然资源部发布 2011 年第 30 号公告，国务院批准页岩气为新的矿种。根据中华人民共和国自然资源部 2012 年调查评价的结果显示，我国页岩气资源丰富，页岩气技术可开采资源量为 $25.08 \times 10^{12}$ $m^3$（不含青藏地区），已超过美国本土的 $24 \times 10^{12}$ $m^3$。2012 年 3 月 13 日，国家发展和改革委员会、财政部、中华人民共和国自然资源部和国家能源局联合发布《页岩气发展规划（2011—2015）》，这标志着我国页岩气开发已经进入实质性阶段。我国的页岩气主要集中在四川盆地及其周缘、鄂尔多斯盆地、辽河东部凹陷等地，目前已有近 30 口页岩气井探井完钻，18 口井压裂获得工业气流，但尚未实现大规模商业开发。根据国外的经验，要实现 2020 年的产能，至少需要 2 万口页岩气井，所需投资 4 000 亿～6 000 亿元。由于页岩气藏储量丰富，开发潜力巨大，各级政府部门对页岩气开发寄予厚望，希望以此达到改善能源结构、促进节能减排、应对气候变化以及满足日益增长的能源需求等多重目标。但中国的页岩气发育地质条件比美国更具挑战性，不少位于地下 3 000 m 甚至更深，且通常位于褶皱断层区，因此面临着严峻的技术瓶颈。

## （三）页岩气开发经济利益巨大但存在环境风险

页岩气开发会带来金山银山，但是绿水青山更为重要。页岩气的开发过程会对环境造成一定的影响，主要体现在以下几个方面：第一、消耗大量水资源。开采页岩气采用水力压裂法需要消耗大量的水资源，页岩气钻探大量消耗地表水或地下水，很可能影响当地水生生物的生存、捕鱼业、居民和工业用水等。第二、可能引发地震。在采用水力压裂法开采页岩气的过程中，可能会导致不同程度的地震。压裂过程中向地下注入大量的水、砂以及化学药品，可能会引起地层的不稳定滑动，严重时也会引发大小不等的地震灾害。第三、地下水及蓄水层污染。页岩气开发过程中，采用水力压裂注入地下的压裂液含有化学物质，会对地下水以及蓄水层造成污染。第四、开发过程中噪声及其他环境污染。页岩气的勘探、开发和生产过程不可避免要进行井场建设，道路和管道基建等需要进行大面积地表清理，同时，页岩气井水力压裂也需要大量施工设备，会造成噪声污染和空气污染。

## （四）重庆涪陵页岩气开发机遇与挑战并存

在页岩气领域，有"中国的页岩气看重庆，重庆的页岩气看涪陵"的说法。2014 年 7 月 10 日，涪陵页岩气田储量通过了中华人民共和国自然资源部评审，涪陵页岩气田被认定为是典型的优质海相页岩气，探明地质储量为 1 067.5 $\times 10^8$ $m^3$。这标志着我国首个大型页岩气田正式诞生，也为我国页岩气的商业化开发奠定了资源基础。目前已开钻井 29 口，完钻 24 口，投产 16 口，单井产量最高为 $30 \times 10^4$ $m^3/d$，最低为 $3 \times 10^4$ $m^3/d$，日产量约 $220 \times 10^4$ $m^3$，目前已形成年产 $5 \times 10^8$ $m^3$ 产能。

但是，从区块位置和自然条件看，重庆地处长江上游，生态环境较为脆弱，生态重要性十分突出。如何在开发页岩气的同时兼顾环境利益成为重庆开发页岩气产业的重大挑战。

### （五）重庆涪陵页岩气开发环保问题具有典型性

根据对重庆南川铁村乡显龙村（华东石油局南页-1井）、四川威远庆卫镇斗鸡湾（辽河油田，威远-长宁气田）、陕西延安甘泉下寺湾中国陆相页岩气开发示范基地（延长油田股份有限公司下寺湾采油厂）等页岩气开发代表性区域的调研，对比涪陵页岩气开发区域的特点，我们认为重庆涪陵焦石坝地区国家级页岩气示范区开采环境复杂，环境风险极高，涵盖了页岩气开发过程中可能出现的所有主要环保问题，在环保管理研究样本选择方面具有典型性。对于重庆市而言，要摒弃"先污染后治理"的老路，要敢于直面存在的问题，以"重庆涪陵国家级页岩气示范区""重庆涪陵页岩气勘查开发示范基地"建设为契机，知难而上，着眼于打造全国"页岩气开发环境保护"建设样板，在深入总结经验与研究的基础上形成"涪陵经验"，为国内乃至国际页岩气勘探开发环境保护提供有益参考。

# 第三章

# 居民生态环境满意度调查评价

## （一）调查评价目的与内容

目前，绿色发展已经成为世界潮流、国家的战略。绿色发展是在传统发展基础上的一种模式创新，是建立在生态环境容量和资源承载力的约束条件下，将环境保护作为实现可持续发展重要支柱的一种新型发展模式。具体来说包括以下几个要点：一是要将环境资源作为社会经济发展的内在要素；二是要把实现经济、社会和环境的可持续发展作为绿色发展的目标；三是要把经济活动过程和结果的"绿色化""生态化"作为绿色发展的主要内容和途径。

中国已将页岩气视为继小水电、风能和太阳能等可再生能源之后的又一重要能源，并且已经出台了一系列政策措施旨在培育页岩气产业。但是我国页岩气的开发还处于摸索的初期，环境保护措施还不完善，会对开采地区的环境产生一定影响。对于页岩气开发，中国绝不能再走"先污染，后治理"的老路，应该从一开始就高起点的进行环保工作。页岩气的开发与利用也应当遵循绿色发展的规律，注重页岩气开发过程中的环境保护，使得页岩气的开发与利用能够"绿色化""生态化"。既要金山银山又要绿水青山，是当前经济发展新常态的具体要求。资源开发要达到社会、经济、生态三者效益的协调。

基于以上现实背景，本调查的主要目的是通过对涪陵页岩气开发核心区域——焦石坝地区居民生态环境满意度进行调查，发现存在的问题，为相关决策部门提供第一手的调查资料。

根据调查目的，我们确定调查评价以重庆涪陵焦石坝页岩气开采地区居民环境满意度为实证研究对象，通过SPSS工具对调研数据进行分析，通过博弈论方法对企业、政府、公众博弈行为进行分析，了解页岩气开发对当地居民的生态环境满意度的影响，进而提出相应的对策和建议。

（1）了解涪陵焦石坝页岩气开发概况。

（2）了解当地居民对页岩气开发的认识和态度。

（3）了解页岩气开发给当地带来的环境影响以及对当地居民生活的影响。

① 对大气的影响：感官上是否对当地大气状况造成影响，以实地感受和访谈为准；从大气监测数据上看是否造成了影响。

② 对当地水资源的影响：对河流生态的影响；对居民生活用水的影响。

③ 其他方面的环境影响：如地质灾害风险等。

④ 对居民健康的影响：生理影响如身体健康；心理影响如健康知觉、心理恐慌；对页岩气开发环境风险知晓度；对政府和企业在页岩气开发过程中的环保工作的了解度；对政府和相关企业的期望。

（4）了解当地页岩气开发过程中的政府与企业环境风险评估、管控、防控措施与机制。

（5）了解当地居民对政府关于页岩气开采环境治理政策满意度。

（6）验证生态环境满意度概念模型（图3-1）的有效性。

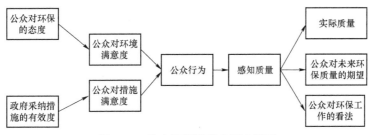

**图3-1 生态环境满意度概念模型**

## （二）调查评价思路

### 1. 调查评价理论依据

选择生态环境满意度进行调查的理论依据是，如果我们将价值工程的理念应用进来，那么所谓的页岩气生态环境满意度就是 $V = F/C$。

即页岩气生态环境满意度（V）＝开发页岩气带来的环保效应（F）/开发页岩气环境损耗（C）。也就是说，如果页岩气开发带来的环保效应远远大于页岩气开发带来的环境损耗，这样的开发是具有高满意度的，反之则不然。显然开发页岩气能够改变地区的能源消费结构，进而起到环保的作用，但是页岩气在开采过程中可能会带来相关的环境问题。

### 2. 调查评价思路

调查主要依据调查设计、调查实施与调查应用三大阶段逐步推进。其中调查研究设计的主要工作是发现问题，确定选题，确定研究的价值与意义，提出具体的思路与步骤。调查实施阶段主要通过理论研究、实证研究进行。理论研究的主要任务是搜集整理资料，构建理论框架，主要搜集页岩气环保、环境满意度方面的论文与著述，目标是确定页岩气开发区域居民环境满意度的结构概念模型；实证研究主要任务是在对涪陵焦石坝页岩气开采区域居民进行实际问卷调查的基础上，运用SPSS工具进行深入的数据挖掘，并对政府、企业、公众之间的环保博弈行为运用博弈论方法进行理论探析,目标是验证页岩气开发区域居民环境满意度的结构概念模型的有效性,并探究影响因素之间的相关性。调查应用阶段的主要工作是进行对策与措施的应用研究,根据数据分析的结论,提出提高页岩气开发区域居民生态环境满意度的具体对策,如图3-2所示。

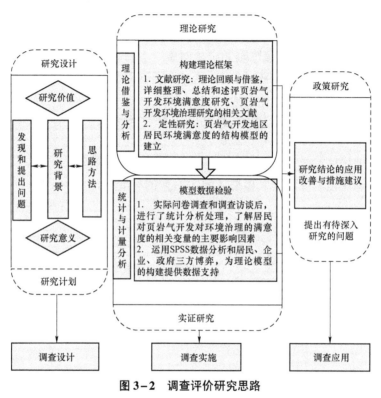

**图3-2 调查评价研究思路**

## (三)调查评价对象

### 1. 重庆涪陵国家级页岩气示范区开发概况

涪陵页岩气田位于重庆市涪陵、南川、武隆等区县境内,属山地-丘陵地貌,区块矿权面积 7 307.77 km²。其中,一期产能建设区地处涪陵区境内,西、北临长江,南跨乌江,东到矿权边界,地面海拔 300~1 000 m。2012 年 11 月 28 日,中石化部署在涪陵区块南部焦石坝地区的焦页-1HF 井取得重大突破,页岩气测试日产量 20.3×10⁴ m³。2013 年 1 月 9 日,该井投入试采,标志着涪陵页岩气田焦石坝区块正式进入商业试采。2013 年 9 月,国家能源局批准设立"重庆涪陵国家级页岩气示范区"(以下简称示范区)。2014 年 4 月 21 日,中华人民共和国自然资源部宣布设立"重庆涪陵页岩气勘查开发示范基地"。

2015 年 9 月 26 日,中华人民共和国自然资源部评审认定涪陵页岩气田累计探明储量 3 805.98×10⁸ m³,含气面积扩大到 383.54 km²,是全球除北美之外最大的页岩气田。2015 年 12 月 10 日,示范区通过国家能源局组织专家组的验收。

截至 2016 年 8 月底,气田累计完成投资 229.88 亿元,累计完钻 293 口井,投产 232 口井，建成 $60 \times 10^8$ m³/a 集输工程、$65 \times 10^8$ m³/a 脱水能力、$5.1 \times 10^4$ m³/d 供水系统、51 个地面集气站。累计产气 $78.21 \times 10^8$ m³，销售 $75.05 \times 10^8$ m³。其中，2016 年完钻 36 口井，投产 52 口井，产气 $34.3 \times 10^8$ m³，销售 $32.93 \times 10^8$ m³。中石化页岩气开发主要进程分为两个阶段，如图 3—3、图 3—4 所示。

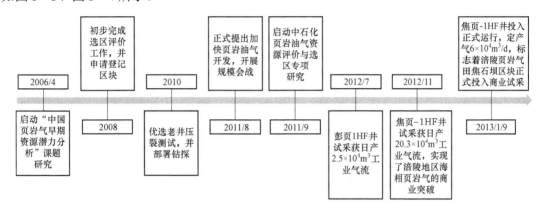

**图 3—3　中石化页岩气开发主要进程一阶段**

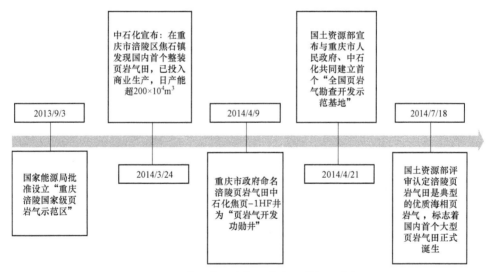

**图 3—4　中石化页岩气开发主要进程二阶段**

## 2. 调查区域对象

2013 年 9 月，国家能源局批复设立"重庆涪陵国家级页岩气示范区"，示范区核心位于涪陵区焦石片区，近期开采主要分布在白涛街道、焦石镇和罗云乡，目前主要集中在焦石镇楠木村、向阳村、新井村、龙井村等 8 个村进行开采作业。

本调查选择重庆涪陵区焦石坝页岩气开发区周边的居民进行调查，发放问卷 180 份（调查问卷见附录一），有效问卷 174 份，有效率 97%。调查对象中男性为 106 人，女性为 68 人。为了保证问卷具有代表性和有效性，调查了各个年龄段的居民，其中已婚占总数比例为 87.36%，未婚占总数比例为 12.64%。根据调查问卷得到的数据绘制成相关图表。

调查对象主要集中在农村中年阶段，调查对象年龄分布如图 3-5 所示。学历为小学及以下、初中、高中或中专的占了将近85%，问卷填写者学历分布如图 3-6 所示。

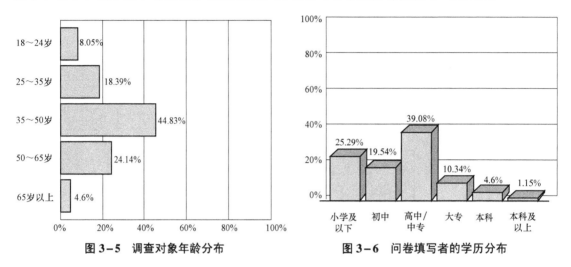

图3-5　调查对象年龄分布　　　　图3-6　问卷填写者的学历分布

调查对象中农户和个体户占了2/3，问卷填写者的职业分布如图 3-7 所示。接近一半的调查对象平均月收入为 1 000~3 000 元，问卷填写者的月收入分布如图 3-8 所示。

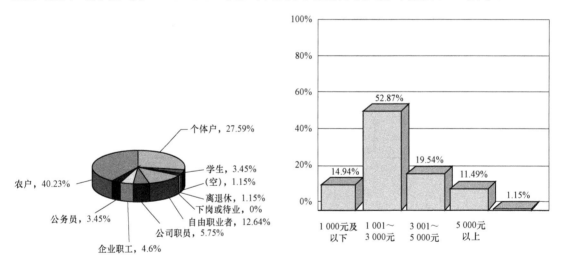

图3-7　问卷填写者的职业分布　　　　图3-8　问卷填写者的月收入分布

### （四）调查评价方法与工具

1. 调查方法

（1）定量的方法（问卷法、结构式访谈）

首先，运用随机抽样的方法，在人群较为密集的地方随机发放问卷，采取自填式填答方法，对于问卷内容不理解或不识字的填答人员，调查员给予讲解或采取询问帮助填答的方式，为保证填答的信度和问卷回收率，采取了发放小礼品的措施。

其次，为了弥补问卷法在回答率和回答质量上存在的不足，采用了结构式访谈做补充，调查员结合访谈提纲对被调查者进行询问，并记录询问结果。

（2）定性的方法（观察法、无结构式访谈）

一方面，调查员在被调查者填答问卷和进行结构式访谈的过程中对其表情神态进行观察以判断填写和回答的真实性；另一方面，调查员通过观察页岩气开发区周围的环境状况，例如水质状况、空气状况等初步判断页岩气的开发是否造成环境污染。

除了单纯的观察之外，还采取了参与观察与无结构式访谈相结合的方法，即进入居民家中，融入其生活环境，感受页岩气开发对他们生活带来的影响，同时，围绕调研的主题和内容进行非正式访谈，通过调查者主观的、洞察性的分析，从中归纳和概括出当地居民对页岩气开发的认识及态度。

2. 调查工具

（1）问卷

通过查阅生态环境满意度的相关资料和调查问卷，结合此次调查内容及目的，编写调查问卷，并由专业人员修改形成最终定稿。

（2）访谈提纲

根据调查主题和内容，一一列出所涉及的相关问题，并对问题进行筛选整合，对提法进行修改，形成访谈提纲。

## （五）调查评价数据分析

### 1. 居民整体环境满意度现状分析

根据对 174 个样本的分析，可以得到居民整体环境满意度现状，如表 3-1 和图 3-9 所示。

表 3-1　居民整体环境满意度现状

| 满意度 | 频次 /n | 百分比 /% |
| --- | --- | --- |
| 满意 | 40 | 23.0 |
| 基本满意 | 92 | 52.9 |
| 不满意 | 42 | 24.1 |
| 总计 | 174 | 100.0 |

根据表 3-1 与图 3-9 的调查结果显示，居民对当地环境感到满意的仅占 23.0%，有 24.1% 的居民对目前当地的环境状况表示不满意，而基本满意的占到 52.9%，超过一半以上的群体介于满意与不满意之间，如果环境质量有所好转，这一部分群体的态度很有可能转向满意，相反，如果环境质量恶化，那么他们则转向不满意。

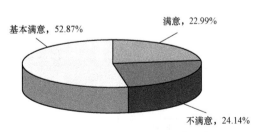

图 3-9　目前居住环境的满意度

为了真实的调查岩气开采区域居民生态环境满意度，此次调查主要选取的调查对象距离气田都比较近，75%的调查对象距离气田在 3 000 m 之内，如图 3-10 所示；从表 3-2 居民环境满意度与居住地距离的相关性分析中我们可以看出居住地距离气田距离与环境满意度之间存在着显著相关，距离气田越近环境满意度越低，由此我们认为对环境持满意态度的 23.0%的居民，大都距离气田较远，而对环境持不满意态度的 24.1%的居民，大都距离气田较近。

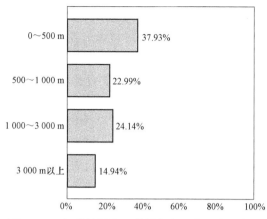

图 3-10　问卷填写者居住地与气田的距离分布图

表 3-2　居民环境满意度与居住地距离的相关性分析

| 项目 | 居住地距离气田距离 | 环境满意度 |
|---|---|---|
| Pearson | 1 | −.348* |
| Sig | | .021 |
| N | 174 | 174 |
| Pearson | −.348* | 1 |
| Sig | .021 | |
| N | 174 | 174 |

*. 在 0.05 水平（双侧）上显著相关。

**2. 页岩气开发产生的影响及居民对其影响的关注点**

当地居民生活用水的 59.77%是自来水，生活用水的来源如图 3-11 所示，对于生活用水的水质，27.59%的居民觉得水质不太好，而 6.9%的居民觉得水质很差，如图 3-12 所示。

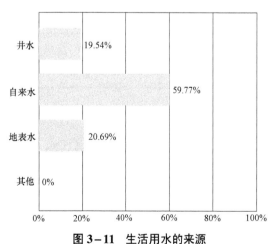

图 3-11　生活用水的来源

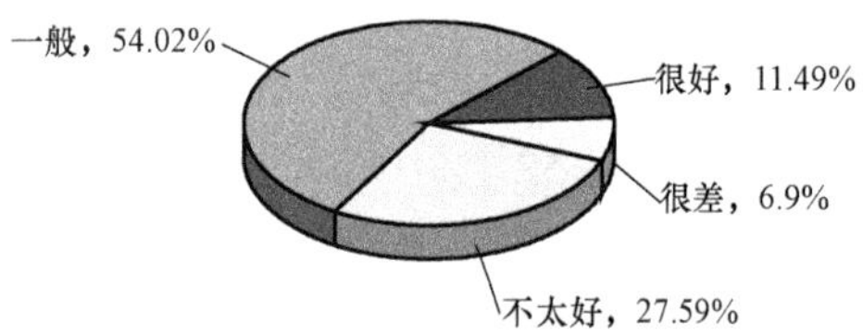

图 3-12　生活用水的质量评价

调查发现开采页岩气产生的噪声使得 43.68% 的居民在不同程度上无法忍受，如图 3-13 所示，而这些噪声大都体现在基础设施的建设过程中，比如钻井或者安装页岩气运输管道。另外，有 41.38% 的居民反映对人工地震有恐惧心理，担心引发真的地震；有 33.33% 的居民则更担心地下水被污染，如图 3-14 所示。

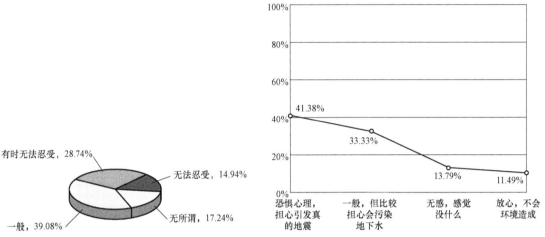

**图 3-13　开采页岩气所产生噪声的感受**　　　**图 3-14　对开采页岩气人工地震的看法**

调查问卷显示，超过 70% 的居民认为开采页岩气对耕地有不同程度的污染，如图 3-15 所示，认为开采页岩气会导致农作物减产 20% 以上的比例达到 28.74%，如图 3-16 所示。

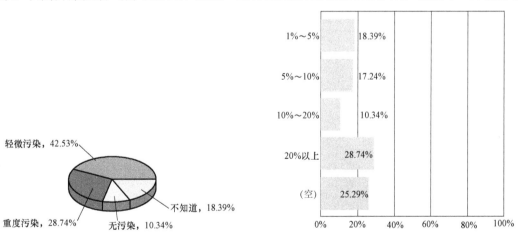

**图 3-15　开采页岩气耕地污染的程度**　　**图 3-16　开采页岩气对农作物的影响程度**

从表 3-3 可以看出页岩气的开发不仅带来了相关的环境问题，也对当地经济产生了一定的影响。通过调查对象在问卷中的反映，可以看出环境问题中水污染最为严重，噪声干扰、耕地减少、农作物减产、空气污染、生态破坏相对来说较为轻微，但仍对居民的生活造成了一定的影响；而对经济产生的最大影响就是促进了经济的发展；在这所有的影响中，居民最为关注的问题还是环境问题，占 62.5%，如图 3-17 所示，可见环境问题是页岩气开发过程中最为重要的问题，同时也是值得政府及开发单位关注的问题。

表3-3 页岩气开发产生的影响及居民对其影响的关注点

| | 因素 | | 百分比/% |
|---|---|---|---|
| 页岩气开发产生的影响 | 对环境的影响 | 空气污染 | 32.2 |
| | | 水污染 | 58.6 |
| | | 噪声干扰 | 39.1 |
| | | 农作物减产 | 35.6 |
| | | 耕地减少 | 37.9 |
| | | 生态破坏 | 28.7 |
| | | 其他 | 1.1 |
| | 对经济的影响 | 促进经济发展 | 60.9 |
| | | 就业增加 | 24.1 |
| | | 个人收入增加 | 14.9 |
| | | 其他 | 16.1 |
| 居民对影响的关注点 | 环境保护 | | 62.5 |
| | 就业机会 | | 11.6 |
| | 收入增加 | | 24.8 |
| | 其他 | | 1.1 |

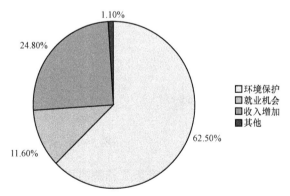

图3-17 居民对开采页岩气最关心的问题

在居民最为关注的环境问题上，对相关单位采取的措施的满意度，调查结果显示，有49.8%的居民认为相关单位只做表面工作，并未采取有效措施，如图3-18所示。

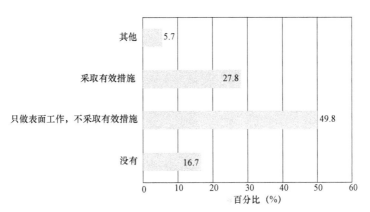

**图 3-18  居民对相关单位所采取措施满意度**

在出现环境问题之后，有 57% 的居民选择集体找政府解决的措施，仅有 13% 的居民选择集体找气田解决，如图 3-19 所示。可见，在环保问题的处理上，居民更加依赖于政府。

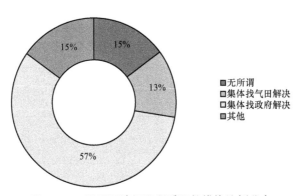

**图 3-19  居民环境问题所采取的措施比例分布**

**3. 居民对环保工作的看法及对未来环保质量的期望**

调查显示 88.51% 的居民支持环保工作的开展，如图 3-20 所示，67.82% 的居民希望能切实解决污染的根本问题，如图 3-21 所示。

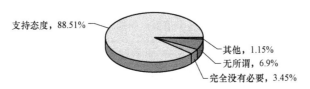

**图 3-20  居民对环保工作的支持度**

从表 3-4 可以看出，居民对环保工作的看法与对未来环保工作的期望存在显著相关，相关性为负数说明两者存在显著地负相关，根据调查问卷的设置，可以看出对环保工作持支持态度的人越希望能切实解决污染的根本问题，也表明两者之间存在显著性相关。

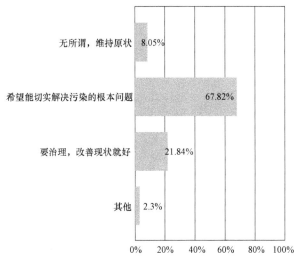

**图 3 - 21　居民对环保的期望**

**表 3 - 4　居民对环保工作的看法及对未来环保质量的期望的相关性**

| 项目 | 居民对环保工作的看法 | 居民对未来环保质量的期望 |
|---|---|---|
| Pearson 相关性（r） | 1 | - .594** |
| 显著性（双侧）（P） |  | .004 |
| N | 174 | 174 |
| Pearson 相关性（r） | - .594** | 1 |
| 显著性（双侧）（P） | .004 |  |
| N | 174 | 174 |

**. 在 .01 水平（双侧）上显著相关。

**4. 页岩气开发生态环境满意度模型的验证**

页岩气开发生态环境满意度各个变量之间的相关性分析，如表 3 - 5 所示。各个变量之间的相关程度对照分析，如表 3 - 6 所示。

**表 3 - 5　各个变量之间的相关性分析**

| 公众行为 | | 公众对环境的满意度 | | 公众对措施的满意度 | | 政府采取措施的有效度 | | 感知质量 | | 公众对未来环保质量的期望 | |
|---|---|---|---|---|---|---|---|---|---|---|---|
| Pearson | $p$(sig.) | Pearson | $p$(sig.) | Pearson | $p$(sig.) | Pearson | $p$(sig.) | Pearson | $p$(sig.) | Pearson | $p$(sig.) |
| 0.342 | 0.001 | 0.430 | 0.000 |  |  |  |  |  |  |  |  |
| Pearson | $p$(sig.) | Pearson | $p$(sig.) | Pearson | $p$(sig.) | Pearson | $p$(sig.) | Pearson | $p$(sig.) | Pearson | $p$(sig.) |
| 0.343 | 0.001 |  |  | 0.459 | 0.000 |  |  |  |  |  |  |

续表

| 公众行为 | | 公众对环境的满意度 | | 公众对措施的满意度 | | 政府采取措施的有效度 | | 感知质量 | | 公众对未来环保质量的期望 | |
|---|---|---|---|---|---|---|---|---|---|---|---|
| Pearson | $p$(sig.) | Pearson | $p$(sig.) | Pearson | $p$(sig.) | Pearson | $p$(sig.) | Pearson | $p$(sig.) | Pearson | $p$(sig.) |
| 0.394 | 0.000 | | | | | | 0.002 | | | | |
| Pearson | $p$(sig.) | Pearson | $p$(sig.) | Pearson | $p$(sig.) | Pearson | $p$(sig.) | Pearson | $p$(sig.) | Pearson | $p$(sig.) |
| 0.392 | 0.003 | | | | | | | | | | |
| Pearson | $p$(sig.) | Pearson | $p$(sig.) | Pearson | $p$(sig.) | Pearson | $p$(sig.) | Pearson | $p$(sig.) | Pearson | $p$(sig.) |
| 0.374 | 0.000 | | | | | | | | | | |
| Pearson | $p$(sig.) | Pearson | $p$(sig.) | Pearson | $p$(sig.) | Pearson | $p$(sig.) | Pearson | $p$(sig.) | Pearson | $p$(sig.) |
| | | | | | | | | 0.633 | 0.000 | 0.523 | 0.000 |
| Pearson | $p$(sig.) | Pearson | $p$(sig.) | Pearson | $p$(sig.) | Pearson | $p$(sig.) | Pearson | $p$(sig.) | Pearson | $p$(sig.) |
| | | | | | | | | 0.518 | 0.000 | | |
| Pearson | $p$(sig.) | Pearson | $p$(sig.) | Pearson | $p$(sig.) | Pearson | $p$(sig.) | Pearson | $p$(sig.) | Pearson | $p$(sig.) |
| | | | | | | | | | | 0.594 | 0.004 |

表 3-6　各个变量之间的相关程度对照分析

| 相关系数值 | 相关程度 |
|---|---|
| $|r| = 0$ | 完全不相关 |
| $0 < |r| \leqslant 0.3$ | 微弱相关 |
| $0.3 < |r| \leqslant 0.5$ | 低度相关 |
| $0.5 < |r| \leqslant 0.8$ | 显著相关 |
| $0.8 < |r| < 1$ | 高度相关 |
| $|r| = 1$ | 完全相关 |

　　根据表 3-5 和表 3-6，我们可以画出如图 3-22 所示的页岩气开发生态环境满意度模型，从图中我们可看出，感知质量与公众对环保的看法并不相关，感知质量与公众对未来环保的期望以及实际质量之间存在显著相关关系。公众对环保的看法与公众对未来环保的期望

存在显著相关关系。同时公众对环境的满意度与公众对措施的满意度存在低度相关关系，公众对环保的态度与公众行为之间，政府采取的措施的有效性与公众行为之间存在弱相关关系。

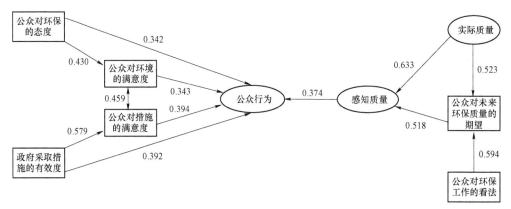

图3-22　页岩气开发生态环境满意度模型

### （六）调查评价结论

1. 当地居民对页岩气开发造成的环境问题非常关注

根据我们的实地调查，就调查数据而言，88.51%的居民支持开展环保工作，但真正对页岩气开发项目了解的人只有5.75%。在调查中，我们发现不同性别、文化程度、职业人群对页岩气的了解程度存在显著性差异，但是不同性别、文化程度、职业人群对环境质量的感知状况不存在显著性差异。针对页岩气开发过程中产生的环境影响，57.5%的居民是希望政府出面解决，也有12.6%居民希望气田采取一定有效措施。另外在居民对页岩气开采的关注点上，除了重点关注水污染问题外，对空气污染、噪声污染、农作物减产、耕地减少等问题也极其关注。同时，在针对页岩气开发过程中相关单位采取的措施问题上，49.8%的居民认为政府及气田单位只做表面工作，没有具体、有效的措施；67.82%的居民希望能切实解决污染的根本问题；并且有58.3%的居民对其态度不满意。

2. 在页岩气开发过程中确实存在环境污染问题

根据实地调查，在页岩气项目的开发过程中，确实存在较为严重的水污染，主要表现在未经处理的废水乱排乱放，囤积在小河沟中，污染非常严重。由于焦石坝地区属喀斯特地貌，地表沟壑纵横，地下多溶洞、暗河、裂缝和漏失层，浅层气含硫化氢且储层规律不清，地下水系发达且埋藏浅，是当地居民的主要饮用水源，因此水资源的利用和保护应成为环保工作的重点。另外也存在较为严重的噪声污染，根据现场感受和录音以及对当地居民的访谈，了解到在页岩气开发过程中产生的噪声对当地居民的生活质量产生了一定的影响；根据对当地菜农的面对面采访，并且在菜农的带领下，实地观察了菜地的现状，可以知道因页岩气开发所造成的农耕地减少以及农作物减产也是不争的事实；在去当地居民家中做调查的时候，发现有不少居民房屋都有被震裂的现象，并且在访谈的过程中，也有不少调查对象反映这一问题，由此可以知道在页岩气开发的勘探与压裂过程中确实存在轻微地震的现象；至于在页岩气开发过程中是否存在空气污染，由于缺少空气质量检测数据，我们尚不能得出结论。综上，重庆页岩气开发带来了一定的环境污染，但还处于可控阶段。

### 3. 页岩气开发必须高起点做好环保工作

中国经济持续高速增长，人民生活水平不断提高，居民生活质量越来越受到政府和社会的关注，社会主义新农村建设与和谐社会建设也要求大力提高农村居民生活质量。页岩气的开发应该与当地政府、居民共同合作，既要做到页岩气的开采工作有序进行，为个人、社会、国家带来利益，也要保证居民的生活环境不被污染。因此，重庆页岩气开发绝不能再走先污染后治理的老路，必须从一开始就高起点、严要求，使生态优势变成经济优势，这既体现了科学发展观的要求，也体现了发展循环经济、建设资源节约型和环境友好型社会的理念。

### 4. 页岩气开发环保工作需要政府主导，企业、公众积极参与

页岩气开发是政府、公众和油气企业之间关于利益和环保的三方博弈。政府的政策作为牵头，民众在政府的指引下了解、参与环保的督促，企业在政策调整和民众的督促下经过全面权衡分析，结合企业自身的生存发展做出相应应对措施。由此，政府的监管强度、奖惩力度、民众的控诉、企业的声誉等都会对环保产生较大影响。因此，在页岩气开发过程中，需要政府、企业与公众的积极参与，只有这样才能实现经济、社会与生态效益的完美统一。

第 二 部 分

# 页岩气开发风险评估及安全防护

# 第四章

# 页岩气开发风险评估方法研究

## （一）页岩气勘探开发工艺及风险分析

### 1. 页岩气与常规天然气勘探开发工艺异同点

页岩气田勘探开发一般可分为资源评估、勘探启动、早期开采、成熟开采和产量递减 5 个阶段，各阶段工作内容如表 4-1 所示。与常规天然气勘探开发所采用的技术相比，开发页岩气在勘探作业、钻完井作业、储层改造、页岩气储运等环节都存在较大差异，其风险侧重点也有所不同。

表 4-1　页岩气勘探开发各阶段工作内容

| 序号 | 阶段名称 | 工作内容 |
|------|----------|----------|
| 1 | 资源评估 | 评估页岩及其储层潜力 |
| 2 | 勘探启动 | 钻探试验井，进行压裂测试，预测其产量 |
| 3 | 早期开采 | 快速开发，建立相应标准 |
| 4 | 成熟开采 | 对比生产数据，确定气藏模型，形成开发数据库 |
| 5 | 产量递减 | 实施再增产措施，以减缓产量递减速度 |

### 2. 勘探作业风险分析

页岩气勘探和常规天然气勘探方法是相同的，页岩气地震勘探作业过程中主要存在以下危险、有害因素。

### （1）火药爆炸

页岩气地震勘探作业常采用三维地震技术、井中地震技术，将会涉及雷管、炸药等民爆物品的使用，如果发生意外爆炸，势必会造成人员重大伤亡、财产损失等，后果往往较为严重。

（2）车辆伤害

仪器车等特种车辆在页岩气勘探作业过程中将现场工作人员碰伤、压伤或使设备损坏。

（3）机械伤害

页岩气地震勘探作业相应的传动件、转动部位，若防护罩失效或残缺，人体接触时有发生机械伤害的危险。

### 3. 钻井工程风险分析

国内外页岩气勘探开发，主要通过直井评价、水平井（组）等开发方式进行。页岩气钻井作业过程中存在的主要危险、有害因素包括火灾、爆炸、物体打击、车辆伤害、起重伤害、触电、高处坠落、中毒窒息、环境危害（油基钻井液等不符合规定的排放将对环境造成较大影响等）、社会环境影响。页岩气测井、录井作业过程中存在的主要危险、有害因素包括辐射、物体打击、火灾、爆炸、中毒、灼烫、触电等。页岩气定向井作业过程中存在的主要危险、有害因素包括机械伤害、触电等。页岩气固井作业过程中存在的主要危险、有害因素包括容器爆炸、物体打击等。

### 4. 储层改造风险分析

水力压裂和酸化是储层改造的主要技术。相对于常规天然气储层改造而言，页岩气储层改造的规模更大。因此，页岩气储层改造作业过程中存在的主要危险、有害因素包括车辆伤害、容器爆炸、灼烫、火灾、中毒窒息、起重伤害、高处坠落、物体打击、环境危害（压裂作业产生的噪声、压裂液带有的化学成分处理不当造成地层水污染）等。

### 5. 页岩气储运风险分析

同常规天然气储运一样，管道输送也是页岩气主要的储运方式之一。但是，国内受制于天然气输送管线不完善，并考虑尽快回收投资等因素，采用 LNG（液化天然气）和 CNG（压缩天然气）进行页岩气储运。页岩气储运过程中存在的主要危险、有害因素包括火灾爆炸、容器爆炸、灼烫和交通事故等。

## （二）页岩气开发风险评估指标体系的构建

### 1. 页岩气开发风险评估指标体系的构建原则

页岩气开发作为隐蔽性很强的地下工程，具有多工种、多工序、立体交叉、连续作业等特点。页岩气开发风险评估指标体系的构建应当遵循系统性原则、科学性原则、稳定性原则、简练性原则、综合性原则和可操作性原则。

### 2. 页岩气开发风险评估指标体系的建立过程

页岩气开发风险评估指标体系的建立包括理论准备、指标体系初选、指标体系完善、指标体系试用四个环节，反映了对决策对象的特征认识逐步深化、逐步精确以及逐步完善的过程。页岩气开发风险评估指标体系的建立过程如图 4-1 所示。

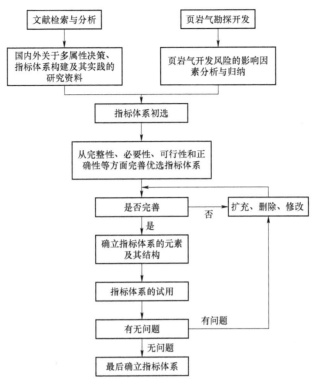

**图 4 - 1　页岩气开发风险评估指标体系的建立过程**

（1）理论准备

在设计页岩气开发风险评估指标及指标体系前，应对页岩气开发的有关基础理论有一定深度和广度的了解，全面掌握该领域描述指标体系的基础情况；同时还应具备一定的统计理论与方法的素养；最后，详细了解国内外相应领域指标体系设计中的经验教训，也是必不可少的一项准备性工作。

（2）指标体系初选

在具备了一定的理论与方法的素养之后，可以采用一定的方法如系统分析法来构造综合评价体系的框架。这是认知逐步深入的过程，是先粗后细、逐步求精的过程。

（3）指标体系完善

作为综合评价指标体系，显然有许多要求。初选的结果并不一定是合理的或必要的，可能有重复，也可能有遗漏甚至错误。这就要求对初选指标进行精选（筛选）、测验，从而使之趋于完善，对初选指标体系的结构进行优化。

（4）指标体系试用

这是综合评价指标体系的实践过程。实践是检验真理的唯一标准，也是评价指标体系设计的最终目标。综合评价指标体系需要在实践中逐步完善。通过实例的计算，分析输出结果的合理性，寻找导致评价结论不合理的原因，有很多因素影响着评价结论，指标体系也是一个十分重要的因素。指标体系选择不仅受方法的影响，而且也影响方法的选择。这些情况只有在综合评价实践中才能发现。

### 3.页岩气开发风险评估指标体系层次结构的构建

页岩气开发风险评估指标的选取是构建页岩气开发风险评估指标体系层次结构模型的基础。指标选取是否符合要求，将直接影响到评估结果的正确性。因此，建立一个恰当的页岩气开发风险评估指标体系十分重要。

综合考虑影响页岩气开发的各项因素，依据相应的指标体系建立基本原则和步骤，并借鉴国内外决策指标体系以及页岩气开发等相关领域的研究成果，在筛选比较分析和咨询专家意见的基础上，确定投资风险（B1）、技术风险（B2）、安全风险（B3）、环境风险（B4）作为页岩气开发风险评估指标体系层次结构模型的一级评价指标，确定决策风险（C1）、政策风险（C2）、财务风险（C3）、运营风险（C4）、软技术风险（C5）、硬技术风险（C6）、技术创新风险（C7）、人员风险（C8）、设备风险（C9）、物料风险（C10）、管理风险（C11）、自然环境风险（C12）、社会环境风险（C13）、政治环境风险（C14）、经济环境风险（C15）作为页岩气开发风险评估指标体系层次结构模型的二级评价指标，如图4-2、图4-3、图4-4、图4-5、图4-6所示。

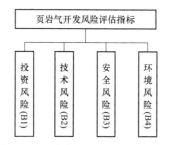

图4-2 页岩气开发风险评估指标体系

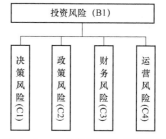

图4-3 投资风险评估指标体系

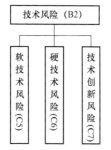

图4-4 技术风险评估指标体系

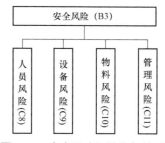

图4-5 安全风险评估指标体系

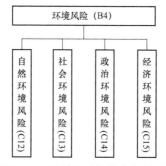

图4-6 环境风险评估指标体系

### （三）页岩气开发风险评估模型

**1. 一级指标权重的计算**

页岩气开发风险评估指标包括投资风险（B1）、技术风险（B2）、安全风险（B3）和环境风险（B4）。采用专家意见法和美国运筹学家 Saaty 的 1～9 级标度法，从而构造 A～B 层的因素重要性判断矩阵及权重计算结果，如表 4-2 所示。

表 4-2　一级指标的判断矩阵及权重计算结果

| 投资风险（B1） | 1 | 1/3 | 1/3 | 2 |
|---|---|---|---|---|
| 技术风险（B2） | 3 | 1 | 1/2 | 2 |
| 安全风险（B3） | 3 | 2 | 1 | 2 |
| 环境风险（B4） | 1/2 | 1/2 | 1/2 | 1 |
| 权重 | 0.157 1 | 0.294 7 | 0.413 6 | 0.134 6 |

应用 Matlab 软件，得出 B1～B4 各项因素的特征向量和最大特征值 $\lambda_{max} = 4.215\,3$。

B1～B4 各项因素的权重 $= \dfrac{各项因素的特征向量}{各项因素的特征向量之和}$，计算结果如表 4-2 所示。

矩阵的阶数 $n=4$，对应 $RI=0.89$，计算 $CI$ 和 $CR$ 如下：

$$CI = \frac{\lambda_{max} - n}{n-1} = \frac{4.215\,3 - 4}{4-1} = 0.071\,8$$

$$CR = \frac{CI}{RI} = \frac{0.071\,8}{0.89} = 0.080\,6$$

由 $CR < 0.10$，可以认为判断矩阵随机一致性得到满足。

**2. 二级指标权重的计算**

**（1）投资风险（B1）**

投资风险（B1）包括决策风险（C1）、政策风险（C2）、财务风险（C3）和运营风险（C4）。采用专家意见法和 Saaty 的 1～9 级标度法，从而得到 B1～C 层的因素重要性判断矩阵及权重计算结果，如表 4-3 所示。

表 4-3　B1～C 层的判断矩阵及权重计算结果

| 决策风险（C1） | 1 | 1/2 | 3 | 5 |
|---|---|---|---|---|
| 政策风险（C2） | 2 | 1 | 3 | 5 |

| | | | | |
|---|---|---|---|---|
| 财务风险（C3） | 1/3 | 1/3 | 1 | 2 |
| 运营风险（C4） | 1/5 | 1/5 | 1/2 | 1 |
| 权重 | 0.327 3 | 0.465 0 | 0.134 2 | 0.073 6 |

应用 Matlab 软件，得出 C1～C4 各项因素的特征向量和最大特征值 $\lambda_{max}$ =4.064 8。

C1～C4 各项因素的权重= $\dfrac{各项因素的特征向量}{各项因素的特征向量之和}$ ，计算结果如表 4–3 所示。

矩阵的阶数 $n$ = 4，对应的 $RI$ =0.89，计算 $CI$ 和 $CR$ 如下：

$$CI = \frac{\lambda_{max} - n}{n-1} = \frac{4.064\,8 - 4}{4-1} = 0.021\,6$$

$$CR = \frac{CI}{RI} = \frac{0.021\,6}{0.89} = 0.024\,3$$

由 $CR$ ＜ 0.10，可以认为判断矩阵随机一致性得到满足。

（2）技术风险（B2）

技术风险（B2）包括软技术风险（C5）、硬技术风险（C6）和技术创新风险（C7）。采用专家意见法和 Saaty 的 1～9 级标度法，从而得到 B1～C 层的因素重要性判断矩阵及权重计算结果，如表 4–4 所示。

表 4–4　B2～C 的判断矩阵及权重计算结果

| | | | |
|---|---|---|---|
| 软技术风险（C5） | 1 | 1/4 | 1/5 |
| 硬技术风险（C6） | 4 | 1 | 1/2 |
| 技术创新风险（C7） | 5 | 2 | 1 |
| 权重 | 0.097 4 | 0.333 1 | 0.569 5 |

应用 Matlab 软件，得出 C5～C7 各项因素的特征向量和最大特征值 $\lambda_{max}$ =3.024 6。

C5～C7 各项因素的权重= $\dfrac{各项因素的特征向量}{各项因素的特征向量之和}$ ，计算结果如表 4–4 所示。

矩阵的阶数 $n$ =3，对应的 $RI$ =0.58，计算 $CI$ 和 $CR$ 如下：

$$CI = \frac{\lambda_{max} - n}{n-1} = \frac{3.024\,6 - 3}{3-1} = 0.012\,3$$

$$CR = \frac{CI}{RI} = \frac{0.012\,3}{0.58} = 0.021\,2$$

由 $CR$ ＜ 0.10，可以认为判断矩阵随机一致性得到满足。

（3）安全风险（B3）

安全风险（B3）包括人员风险（C8）、设备风险（C9）、物料风险（C10）和管理风险（C11）。采用专家意见法和 Saaty 的 1～9 级标度法，从而得到 B3～C 层的因素重要性判断矩阵及权重计算结果，如表 4-5 所示。

表 4-5 B3～C 的判断矩阵及权重计算结果

| 人员风险（C8） | 1 | 2 | 1/2 | 1/3 |
|---|---|---|---|---|
| 设备风险（C9） | 1/2 | 1 | 1/2 | 1/5 |
| 物料风险（C10） | 2 | 2 | 1 | 1/2 |
| 管理风险（C11） | 3 | 5 | 2 | 1 |
| 权重 | 0.160 5 | 0.099 9 | 0.251 5 | 0.488 1 |

应用 Matlab 软件，得出 C8～C11 各项因素的特征向量和最大特征值 $\lambda_{max}$ =4.040 7。

C8～C11 各项因素的权重= $\dfrac{\text{各项因素的特征向量}}{\text{各项因素的特征向量之和}}$ ，计算结果如表 4-5 所示。

矩阵的阶数 $n$=4，对应的 $RI$=0.89，计算 $CI$ 和 $CR$ 如下：

$$CI = \frac{\lambda_{max} - n}{n-1} = \frac{4.040\ 7 - 4}{4-1} = 0.031\ 6$$

$$CR = \frac{CI}{RI} = \frac{0.031\ 6}{0.89} = 0.015\ 2$$

由 $CR$ ＜0.10，可以认为判断矩阵随机一致性得到满足。

（4）环境风险（B4）

环境风险（B4）包括自然环境风险（C12）、社会环境风险（C13）、政治环境风险（C14）和经济环境风险（C15）。采用专家意见法和 Saaty 的 1～9 级标度法，从而得到 B4～C 层的因素重要性判断矩阵及权重计算结果，如表 4-6 所示。

表 4-6 B4～C 的判断矩阵及权重计算结果

| 自然环境风险(C12) | 1 | 3 | 2 | 3 |
|---|---|---|---|---|
| 社会环境风险(C13) | 1/3 | 1 | 1/2 | 1 |
| 政治环境风险(C14) | 1/2 | 2 | 1 | 1/2 |
| 经济环境风险(C15) | 1/3 | 1 | 2 | 1 |
| 权重 | 0.452 3 | 0.143 1 | 0.192 8 | 0.211 8 |

应用 Matlab 软件,得出 C12～C15 各项因素的特征向量和最大特征值 $\lambda_{max}$ =4.207 2。

C12～C15 各项因素的权重= $\dfrac{\text{各项因素的特征向量}}{\text{各项因素的特征向量之和}}$ ,计算结果如表 4-6 所示。

矩阵的阶数 $n$=4，对应的 $RI$=0.89，计算 $CI$ 和 $CR$ 如下：

$$CI = \frac{\lambda_{max} - n}{n-1} = \frac{4.207\,2 - 4}{4-1} = 0.069\,0$$

$$CR = \frac{CI}{RI} = \frac{0.069\,0}{0.89} = 0.015\,2$$

由 $CR < 0.10$，可以认为判断矩阵随机一致性得到满足。

3. 层次总排序及一致性检验

（1）层次总排序

根据层次分析法的原理，通过自上而下地对单准则下的权重进行合成，对影响页岩气开发风险评估的所有因素进行层次总排序，如表 4-7 所示。

表 4-7 页岩气开发风险评估指标体系及权重

| B 层及权重 | 投资风险（B1） | 技术风险（B2） | 安全风险（B3） | 环境风险（B4） | C 层因素总排序权重 |
| --- | --- | --- | --- | --- | --- |
| | 0.157 1 | 0.294 7 | 0.413 6 | 0.134 6 | |
| 决策风险（C1） | 0.327 3 | 0.000 0 | 0.000 0 | 0.000 0 | 0.051 4 |
| 政策风险（C2） | 0.465 0 | 0.000 0 | 0.000 0 | 0.000 0 | 0.073 1 |
| 财务风险（C3） | 0.134 2 | 0.000 0 | 0.000 0 | 0.000 0 | 0.021 1 |
| 运营风险（C4） | 0.073 6 | 0.000 0 | 0.000 0 | 0.000 0 | 0.011 6 |
| 软技术风险（C5） | 0.000 0 | 0.097 4 | 0.000 0 | 0.000 0 | 0.028 7 |
| 硬技术风险（C6） | 0.000 0 | 0.333 1 | 0.000 0 | 0.000 0 | 0.098 2 |
| 技术创新风险（C7） | 0.000 0 | 0.569 5 | 0.000 0 | 0.000 0 | 0.167 8 |
| 人员风险（C8） | 0.000 0 | 0.000 0 | 0.160 5 | 0.000 0 | 0.066 4 |
| 设备风险（C9） | 0.000 0 | 0.000 0 | 0.099 9 | 0.000 0 | 0.041 3 |
| 物料风险（C10） | 0.000 0 | 0.000 0 | 0.251 5 | 0.000 0 | 0.104 0 |
| 管理风险（C11） | 0.000 0 | 0.000 0 | 0.488 1 | 0.000 0 | 0.201 9 |
| 自然环境风险（C12） | 0.000 0 | 0.000 0 | 0.000 0 | 0.452 3 | 0.060 9 |
| 社会环境风险（C13） | 0.000 0 | 0.000 0 | 0.000 0 | 0.143 1 | 0.019 3 |
| 政治环境风险（C14） | 0.000 0 | 0.000 0 | 0.000 0 | 0.192 8 | 0.026 0 |
| 经济环境风险（C15） | 0.000 0 | 0.000 0 | 0.000 0 | 0.211 8 | 0.028 5 |

由表 4-7 可知，15 个评价指标对页岩气开发风险影响的先后次序为：管理风险（0.201 9）、技术创新风险（0.167 8）、物料风险（0.104 0）、硬技术风险（0.098 2）、政策风险（0.073 1）、人员风险（0.066 4）、自然环境风险（0.060 9）、决策风险（0.051 4）、设备风险（0.041 3）、软技术风险（0.028 7）、经济环境风险（0.028 5）、政治环境风险（0.026 0）、财务风险（0.021 1）、社会环境风险（0.019 3）、运营风险（0.011 6）。

（2）总排序结果的一致性检验

综合检验指标，计算如下：

$$CR = \frac{\sum_{j=1}^{m} CI_{(j)} a_j}{\sum_{j=1}^{m} RI_{(j)} a_j} = \frac{(0.021\,6, 0.012\,3, 0.031\,6, 0.069\,0)(0.157\,1, 0.294\,7, 0.413\,6, 0.134\,6)'}{(0.89, 0.58, 0.89, 0.89)(0.157\,1, 0.294\,7, 0.413\,6, 0.134\,6)'}$$

$$= \frac{0.029\,4}{0.798\,6} = 0.036\,8$$

由 $CR < 0.10$ 可知，综合排序的一致性是满意并可以接受的，采用层次分析法评估影响页岩气开发风险的因素，确定各评价指标之间的相对重要程度是可行的。

**4. 确定评价集**

划定页岩气开发风险评估评价集 $V = \{V_1, V_2, V_3, V_4, V_5\}$，即 $V = \{低风险, 较低风险, 一般风险, 较高风险, 高风险\}$，则 $V_i = \{1, 2, 3, 4, 5\}$ 表示 $i$ 等级。

**5. 确定隶属度函数**

综合考虑实用性与操作便捷性，采用专家投票统计法进行隶属度函数的确定，计算公式为

$$\mu_{ij}(p) = \frac{f_p}{q}$$

式中：$f_p$ ——各个指标的统计频次；

　　　$q$ ——专家总人数。

**6. 模糊综合评价**

一级模糊综合评价是最低层次在模糊综合评价，其一级评判矩阵为

$$B_i = W_i \cdot R_i = (W_{i1}, W_{i2}, \cdots, W_{ij}) \cdot \begin{bmatrix} r_{i1}^{(1)} & r_{i1}^{(2)} & \cdots & r_{i1}^{(p)} \\ r_{i2}^{(1)} & r_{i2}^{(2)} & \cdots & r_{i2}^{(p)} \\ \vdots & \vdots & \vdots & \vdots \\ r_{ij}^{(1)} & r_{ij}^{(2)} & \cdots & r_{ij}^{(p)} \end{bmatrix}$$

式中：$W_i$ ——一级准则层对二级指标层的权重向量；

　　　$R_i$ ——二级指标层的判断矩阵；

　　　$\bullet$ ——模糊算子。

二级模糊综合评价为

$$B = W \cdot R = W \cdot \begin{bmatrix} W_1 \cdot R_1 \\ W_2 \cdot R_2 \\ \vdots \\ W_m \cdot R_m \end{bmatrix} = (b^{(1)}, b^{(2)}, \cdots, b^{(p)})$$

根据二级评价的评价向量，采用最大隶属度原则，确定最终的页岩气开发风险评估

结果。

### 7. 确定风险等级

根据页岩气开发风险评估等级和评估分数间的对应关系，将页岩气开发风险等级分为低风险、较低风险、一般风险、较高风险、高风险 5 个等级，其隶属度向量为

$$F = (f_1, f_2, f_3, f_4, f_5) = (20, 40, 60, 80, 100)$$

页岩气开发风险最终评价值（总指数 $G$）为

$$G = B \cdot F^{\mathrm{T}} = \sum_{P=1}^{5} b_p f_p = b_1 f_1 + b_2 f_2 + b_3 f_3 + b_4 f_4 + b_5 f_5$$

由页岩气开发风险最终评价值（总指数 $G$），可以确定页岩气开发风险等级。

# 第五章

# 页岩气井场作业安全防护模型

## （一）页岩气钻井井场作业安全防护模型

页岩气钻井、压裂过程中最重要的危险是井喷失控，井喷失控会导致页岩气大量泄漏，极易引起火灾爆炸，亦不排除可能出现硫化氢中毒。

1. 模型建立及其边界条件

（1）模型建立

① 页岩气泄漏量的确定为

$$V_m = q \cdot t \tag{5-1}$$

式中：$V_m$——页岩气可能泄漏的最大体积量，单位为 $m^3$；

$q$——页岩气井无阻流量，单位为 $m^3/d$；

$t$——页岩气井泄漏时间，单位为 min。

② 蒸汽云爆炸的爆炸波伤害范围计算。

蒸汽云对爆炸冲击波有实际贡献的燃料质量为

$$W_c = V_m \cdot \rho \tag{5-2}$$

式中：$W_c$——蒸汽云对爆炸冲击波有实际贡献的燃料质量，单位为 kg；

$V_m$——页岩气泄漏量，单位为 $m^3$；

$\rho$——页岩气密度，单位为 $kg/m^3$。

爆源总能量为

$$E_0 = \alpha W_c Q_c \tag{5-3}$$

式中：$E_0$——爆源总能量，单位为 J；

$\alpha$——对蒸汽云爆炸有实际贡献的页岩气占泄漏页岩气的百分比，平均值为 4%；

$W_c$——蒸汽云对爆炸波有实际贡献的页岩气质量，单位为 kg；

$Q_c$——页岩气的燃烧热值，单位为 J/kg。

死亡区外径为

$$R_{0.5} = 13.6 \left( E_0 / Q_{\mathrm{TNT}} \Big/ 1\,000 \right)^{0.37} = 13.6 \left( \frac{E_0}{4.52 \times 10^2} \right)^{0.37} \tag{5-4}$$

式中：$R_{0.5}$——基于超压—冲量准则确定的蒸汽云爆炸死亡区外径，单位为 m。

$Q_{\mathrm{TNT}}$——TNT 爆炸热值，可取为 $4.52 \times 10^6$ J/kg。

重伤区外径为

$$\ln(P_s) = \ln 44\,000 = 10.692$$

$$= 10.613\,5 - 1.505\,8 \ln \left( \frac{R_{e0.5}}{\left( \frac{E_0}{P_a} \right)^{\frac{1}{3}}} \right) + 0.167\,5 \ln^2 \left( \frac{R_{e0.5}}{\left( \frac{E_0}{P_a} \right)^{\frac{1}{3}}} \right) - 0.032\,0 \ln^3 \left( \frac{R_{e0.5}}{\left( \frac{E_0}{P_a} \right)^{\frac{1}{3}}} \right) \tag{5-5}$$

式中：$R_{e0.5}$——基于超压—冲量准则确定的蒸汽云爆炸重伤区外径，单位为 m；

$P_s$——爆炸波正相最大超压，此处取值 44 000 Pa；

$P_a$——大气压力，取 $1.013\,25 \times 10^5$ Pa。

轻伤区外径为

$$\ln(P_s) = \ln 17\,000 = 9.741$$

$$= 10.613\,5 - 1.505\,8 \ln \left( \frac{R_{e0.01}}{\left( \frac{E_0}{P_a} \right)^{\frac{1}{3}}} \right) + 0.167\,5 \ln^2 \left( \frac{R_{e0.01}}{\left( \frac{E_0}{P_a} \right)^{\frac{1}{3}}} \right) - 0.032\,0 \ln^3 \left( \frac{R_{e0.01}}{\left( \frac{E_0}{P_a} \right)^{\frac{1}{3}}} \right) \tag{5-6}$$

式中：$R_{e0.01}$——基于超压—冲量准则确定的蒸汽云爆炸轻伤区外径，单位为 m；

$P_s$——爆炸波正相最大超压，此处取值 17 000 Pa；

$P_a$——大气压力，取 $1.013\,25 \times 10^5$ Pa。

③ 蒸汽云爆炸的爆炸火球伤害范围计算。

蒸汽云对爆炸火球有实际贡献的燃料质量为

$$W = V_m \cdot \rho \tag{5-7}$$

式中：$W$——蒸汽云对爆炸火球有实际贡献的页岩气质量，单位为 kg；

$V_m$——页岩气泄漏量，单位为 $m^3$；

$\rho$——页岩气密度，单位为 $kg/m^3$。

死亡半径为

$$R_s = 0.357W^{0.32}\left(5.83W^{\frac{1}{3}} - 1\right)^{1/2} \tag{5-8}$$

式中：$R_s$——基于热剂量伤害准则，在瞬间火灾条件下得出爆炸火球的死亡半径，单位为 m；

$W$——蒸汽云对爆炸火球有实际贡献的燃料质量，单位为 kg。

重伤半径为

$$R_z = 0.357W^{0.32}\left(8.8W^{\frac{1}{3}} - 1\right)^{1/2} \tag{5-9}$$

式中：$R_z$——基于热剂量伤害准则，在瞬间火灾条件下得出爆炸火球的重伤半径，单位为 m；

$W$——蒸汽云对爆炸火球有实际贡献的页岩气质量，单位为 kg。

轻伤半径为

$$R_Q = 0.357W^{0.32}\left(20.1W^{\frac{1}{3}} - 1\right)^{1/2} \tag{5-10}$$

式中：$R_Q$——基于热剂量伤害准则，在瞬间火灾条件下得出爆炸火球的轻伤半径，单位为 m；

$W$——蒸汽云对爆炸火球有实际贡献的页岩气质量，单位为 kg。

④ 硫化氢扩散的毒害范围计算。

基于 Pasquill–Gifford 模型的硫化氢危害范围计算。

100 mg/L 的 $H_2S$ 气体的危害半径为

$$r_{100} = \left(1.589f_{H_2S}V\right)^{0.625\,8} \tag{5-11}$$

300 mg/L 的 $H_2S$ 气体的危害半径为

$$r_{300} = \left(1.0218f_{H_2S}V\right)^{0.625\,8} \tag{5-12}$$

500 mg/L 的 $H_2S$ 气体的危害半径为

$$r_{500} = \left(0.4546f_{H_2S}V\right)^{0.625\,8} \tag{5-13}$$

式中：$r_{100}$——100 mg/L 的 $H_2S$ 气体危害半径，单位为 m；

$r_{300}$——300 mg/L 的 $H_2S$ 气体危害半径，单位为 m；

$r_{500}$——500 mg/L 的 $H_2S$ 气体危害半径，单位为 m；

$V$——页岩气可能泄漏的最大体积量，单位为 $m^3$；

$f_{H_2S}$——气体中的 $H_2S$ 摩尔分数。

在描述气体扩散行为时，涉及扩散气体的密度大小、气体与周围环境是否发生热力学作用及扩散环境的气象、地形等等众多复杂的问题。

为了简化分析，特作如下假设：

第一，气云在平整、无障碍物的地面上空扩散；

第二，气云中不发生化学反应和相变反应，也不发生液滴沉降现象；

第三，气体的泄漏速率不随时间变化；

第四，风向为水平方向，风速和风向不随时间、地点和高度变化；

第五，气云和环境之间无热量交换；

第六，气云密度与环境空气密度相当，气云不受浮力作用；

第七，云团中心的移动速度或云羽轴向蔓延速度等于环境风速；

第八，云团内部或云羽横截面上速度、密度等参数服从正态分布。

对于连续泄漏，根据世界银行推荐的模型，给定位置的毒物浓度为

$$c(x,y,z) = \frac{Q}{\pi\sigma_y\sigma_z u}\exp\left\{-\frac{1}{2}\left[\frac{y^2}{\sigma_y^2} + \frac{z^2}{\sigma_z^2}\right]\right\} \qquad (5-14)$$

式中：$c(x,y,z)$——连续排放时，给定地点$(x,y,z)$的浓度，单位为mg/m³；

$Q$——连续排放的物料流量，单位为mg/s；

$u$——平均风速，单位为m/s；

$x$——下风向距离，单位为m；

$y$——横风向距离，单位为m；

$z$——离地面的距离，单位为m；

$\sigma_y$、$\sigma_z$——$y$、$z$方向扩散系数。

扩散系数$\sigma_x$、$\sigma_y$、$\sigma_z$的大小与大气湍流结构、离地面高度、地面粗糙度、泄漏持续时间、抽样时间间隔、风速以及离开泄漏源的距离等因素有关。

在计算硫化氢扩散导致人员中毒范围时，选取$H_2S$气体的致死临界浓度为$Cs = 760$ mg/m³，重伤临界浓度为$C_Z = 300$ mg/m³，轻伤临界浓度为$C_Q = 150$ mg/m³。所选取的$H_2S$气体临界浓度与作业场所$H_2S$最高允许浓度10 mg/m³相差较大，主要是考虑到井喷事故对周围居民的伤害，与作业场所中8小时工作时长的要求不同。

⑤ 安全防护距离的确定。

为了确保页岩气钻井井场作业人员和周围居民的安全，避免在钻井、压裂以及井下作业过程中发生井喷失控恶性事故时遭受伤害，采用安全防护距离计算模型确定其安全防护距离为

$$D_{ij} = \text{MAX}(R_{Qi}) \qquad (5-15)$$

式中：$D_{ij}$——安全防护距离，单位为m；

$R_{Qi}$——不同情况下求出的蒸汽云爆炸波导致轻伤半径$R_{Q1}$、蒸汽云爆炸火球导致轻伤半径$R_{Q2}$和硫化氢扩散致轻度中毒半径$R_{Q3}$。

（2）边界条件

① 页岩气可能泄漏的最大体积量。页岩气发生井喷事故后，喷出页岩气的量主要取决于井喷流量和井喷时间。在井喷失控时可能达到的最大流量是页岩气井的无阻流量。无阻流量是指井底回压为大气压时的井口流出量，反映产气潜力。据不完全统计，页岩气单井无阻流量为$15.3\times10^4\sim155.8\times10^4$ m³/d。因此，综合考虑页岩气开发实际情况，选取$60\times10^4$ m³/d作为页岩气单井无阻流量。

② 泄漏时间。对于含硫天然气而言，发生井喷15 min后，若无法压井成功，则要求点火放喷。因此，选取15 min作为泄漏时间进行相关计算。

③ 气象参数。模拟气象条件一般为风速1.1 m/s、2.0 m/s、5.0 m/s，稳定度为D、F（在此稳定度下，不利于扩散，有相对较大的危险性）。其中5.0 m/s为计算的最大风速，2.0 m/s

为年平均风速，1.1 m/s 为接近静风条件的最小风速。因此，选择风速为 5.0 m/s，地面粗糙度为 1 m。

2. 硫化氢含量

硫化氢体积含量大于 0.001 4%（20 mg/m³）的气井属于含硫气井。硫化氢体积含量在 0.001 4%～0.5%的气井称为微含硫气井，硫化氢体积含量在 0.5%～2.0%的气井称为低含硫气井，硫化氢体积含量在 2.0%～5.0%的气井称为中含硫气井，硫化氢体积含量在 5.0%～20%的气井称为高含硫气井，硫化氢体积含量大于 20%的气井称为特高含硫气井，如表 5–1 所示。因此，选取硫化氢体积含量为 2.0%作为计算参数。

表 5–1　含硫气井分级

| 序号 | 硫化氢体积含量/% | 含硫气井分级 |
| --- | --- | --- |
| 1 | 0.001 4～0.5 | 微含硫气井 |
| 2 | 0.5～2.0 | 低含硫气井 |
| 3 | 2.0～5.0 | 中含硫气井 |
| 4 | 5.0～20.0 | 高含硫气井 |
| 5 | 大于 20 | 特高含硫气井 |

3. 页岩气钻井井场安全防护距离的确定

基于边界条件，选取 $60 \times 10^4$ m³/d 作为页岩气单井无阻流量，15 min 的泄漏时间内，由式（5–1）计算可得页岩气可能泄漏的最大体积量是 6 250 m³。

鉴于页岩气的主要成分是甲烷，甲烷的密度是 0.717 kg/m³，甲烷的燃烧热值 $Q_c$ 是 55.164 MJ/kg。因此，由式（5–2）和式（5–3）计算可得蒸汽云对爆炸冲击波有实际贡献的燃料质量 $W_c$ 和爆源总能量 $E_0$ 分别是 4 481.25 kg 和 $9.89 \times 10^9$ J。

由式（5–4）、式（5–5）和式（5–6）可得蒸汽云爆炸的爆炸波伤害范围，如表 5–2 所示。

表 5–2　蒸汽云爆炸的爆炸波伤害范围

| 无阻流量/×10⁴m³/d | 死亡半径/m | 重伤半径/m | 轻伤半径/m |
| --- | --- | --- | --- |
| 60 | 18 | 44 | 85 |

由式（5–8）、式（5–9）和式（5–10）可得蒸汽云爆炸的爆炸火球伤害范围，如表 5–3 所示。

表 5–3　蒸汽云爆炸的爆炸火球伤害范围

| 无阻流量/×10⁴m³/d | 死亡半径/m | 重伤半径/m | 轻伤半径/m |
| --- | --- | --- | --- |
| 60 | 51.32 | 63.16 | 95.64 |

由式（5-11）、式（5-12）和式（5-13）可得基于 Pasquill-Gifford 模型的硫化氢危害范围，如表 5-4 所示。

**表 5-4　基于 Pasquill-Gifford 模型的硫化氢危害范围**

| 无阻流量/×10⁴m³/d | $f_{H_2S}$ | 100 mg/L H₂S 危害范围/m | 300 mg/L H₂S 危害范围/m | 500 mg/L H₂S 危害范围/m |
|---|---|---|---|---|
| 60 | 2.00% | 27.425 | 20.80 | 12.53 |

由式（5-14），利用自编程序可得页岩气（硫化氢体积含量 2.0%）的硫化氢气体扩散等浓度曲线，如图 5-1 所示。

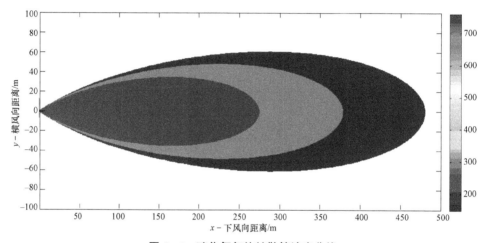

**图 5-1　硫化氢气体扩散等浓度曲线**

由图 5-1 可以得到基于高斯模型的硫化氢危害范围，如表 5-5 所示。

**表 5-5　基于高斯模型的硫化氢危害范围**

| 临界浓度 | 760 mg/L | 300 mg/L | 150 mg/L |
|---|---|---|---|
| $X$ 轴距离 | 285.7 | 386.7 | 482.8 |
| $Y$ 轴距离 | 30.2 | 43.4 | 57.9 |

考虑到页岩气钻井、压裂过程中最重大的危险是井喷失控，井喷失控会导致页岩气大量泄漏，极易引起火灾爆炸，而出现硫化氢中毒的可能性较小，钻遇硫化氢体积含量 2.0% 的页岩气井可能性更低。因此，由计算得到蒸汽云爆炸波导致轻伤半径 $R_{Q1}$ 蒸汽云爆炸火球导致轻伤半径 $R_{Q2}$ 和硫化氢扩散致轻度中毒半径 $R_{Q3}$（基于 Pasquill-Gifford 模型的硫化氢危害范围），确定页岩气钻井井场作业安全防护距离为 95.64 m。

**（二）页岩气采输井场作业安全防护模型**

**1. 潜在事故分析**

页岩气采输过程中最重大的危险是火灾爆炸，火灾爆炸可能发生在每一个油气可能泄漏的区域，其次的危险是压力容器的物理爆炸。页岩气采输过程出现泄漏会造成不同的后果，可能会对作业现场人员、泄漏地点附近居民的生命和财产造成巨大的威胁。灾害类型以及相关的破坏形式取决于管道的失效模式（即泄漏或断裂）、气体的泄漏方式（即垂直或倾斜喷射、有阻挡或无阻挡喷射）和燃烧时间（即立即燃烧或延迟燃烧）。页岩气采输过程出现泄漏可能造成的后果，如图 5-2 所示。

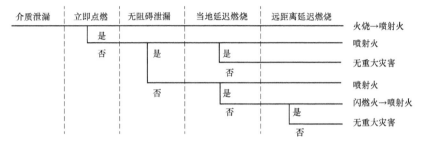

**图 5-2　页岩气采输泄漏后果示意**

**2. 模型建立及其边界条件**

（1）模型建立

① 页岩气泄漏量的确定。页岩气管道任一位置泄漏后，泄漏速率主要取决于气体流动是属于亚声速流动还是声速流动，其判断准则为

$$\frac{P_a}{P_c} > \left(\frac{2}{\gamma+1}\right)^{\frac{\gamma}{\gamma-1}} \tag{5-16}$$

$$\frac{P_a}{P_c} \leqslant \left(\frac{2}{\gamma+1}\right)^{\frac{\gamma}{\gamma-1}} \tag{5-17}$$

式中：$P_a$——大气压力，单位为 Pa；

$P_c$——泄漏处压力，单位为 Pa；

$\gamma$——气体比热比。

若式（5-16）成立，气体流动属于亚声速流动；若式（5-17）成立时，气体流动属于声速流动。

结合页岩气采输井场实际，发生泄漏时，气体大多呈音速流动。因此页岩气泄漏速率为

$$Q_s = \alpha P_2 A_h \sqrt{\frac{M}{ZRT_2}\gamma\left(\left(\frac{2}{\gamma+1}\right)\right)^{(\gamma+1)/(\gamma-1)}} \tag{5-18}$$

式中：$Q_s$——页岩气泄漏速率，单位为 kg/s；

$\alpha$——页岩气泄漏系数，与裂口形状相关，取 0.9；

$P_2$——页岩气管道中的绝对压强，单位为 Pa；

$T_2$——管道内上游温度，单位为 K；

$M$——页岩气分子质量，单位为 kg/mol；

$R$——理想气体常数，单位为 J/（mol·K）；

$Z$——气体压缩因子；

$A_h$ —— 泄漏孔面积，单位为 $m^2$；

$\gamma$ —— 绝热指数。

由页岩气泄漏速率，进而可以确定页岩气泄漏量为

$$q_m = Q_s t \qquad (5-19)$$

式中：$q_m$ —— 页岩气可能泄漏的量，单位为 kg；

$Q_s$ —— 页岩气泄漏速率，单位为 kg/s；

$t$ —— 页岩气泄漏时间，单位为 s。

② 蒸汽云爆炸的爆炸波伤害范围计算。

蒸汽云对爆炸冲击波有实际贡献的燃料质量为

$$W_c = q_m \qquad (5-20)$$

式中：$W_c$ —— 蒸汽云对爆炸冲击波有实际贡献的燃料质量，单位为 kg；

$q_m$ —— 页岩气可能泄漏的量，单位为 kg。

爆源总能量为

$$E_0 = \alpha W_c Q_c \qquad (5-21)$$

式中：$E_0$ —— 爆源总能量，单位为 J；

$\alpha$ —— 与蒸汽云爆炸的有实际贡献的燃料占泄漏燃料的百分比，平均值为 4%；

$W_c$ —— 蒸汽云对爆炸冲击波有实际贡献的燃料质量，单位为 kg；

$Q_c$ —— 燃料的燃烧热，单位为 J/kg。

死亡区外径为

$$R_{0.5} = 13.6 \left( \frac{E_0}{Q_{TNT}} / 1\,000 \right)^{0.37} = 13.6 \left( \frac{E_0}{4.52 \times 10^2} \right)^{0.37} \qquad (5-22)$$

式中：$R_{0.5}$ —— 基于超压—冲量准则确定的蒸汽云爆炸死亡区外径，单位为 m。

重伤区外径为

$$\ln(P_s) = \ln 44\,000 = 10.692$$

$$= 10.613\,5 - 1.505\,8 \ln\left( \frac{R_{e0.5}}{\left( \frac{E_0}{P_a} \right)^{\frac{1}{3}}} \right) + 0.167\,5 \ln^2\left( \frac{R_{e0.5}}{\left( \frac{E_0}{P_a} \right)^{\frac{1}{3}}} \right) - 0.032\,0 \ln^3\left( \frac{R_{e0.5}}{\left( \frac{E_0}{P_a} \right)^{\frac{1}{3}}} \right)$$

$$(5-23)$$

式中：$R_{e0.5}$ —— 基于超压—冲量准则确定的蒸汽云爆炸重伤区外径，单位为 m；

$P_a$ —— 大气压力，取 $1.013\,25 \times 10^5$ Pa。

轻伤区外径为

$$\ln(P_s) = \ln 17\,000 = 9.741$$

$$= 10.613\,5 - 1.505\,8 \ln\left( \frac{R_{e0.01}}{\left( \frac{E_0}{P_a} \right)^{\frac{1}{3}}} \right) + 0.167\,5 \ln^2\left( \frac{R_{e0.01}}{\left( \frac{E_0}{P_a} \right)^{\frac{1}{3}}} \right) - 0.032\,0 \ln^3\left( \frac{R_{e0.01}}{\left( \frac{E_0}{P_a} \right)^{\frac{1}{3}}} \right)$$

$$(5-24)$$

式中：$R_{e0.01}$——基于超压—冲量准则确定的蒸汽云爆炸轻伤区外径，单位为 m；

　　　$P_a$——大气压力，取 $1.013\ 25 \times 10^5$ Pa。

③ 蒸汽云爆炸的爆炸火球伤害范围计算。

蒸汽云对爆炸火球有实际贡献的燃料质量为

$$W = q_m \tag{5-25}$$

式中：$W$——蒸汽云对爆炸火球有实际贡献的燃料质量，单位为 kg；

　　　$q_m$——页岩气可能泄漏的量，单位为 kg。

死亡半径为

$$R_s = 0.357W^{0.32}\left(5.83W^{\frac{1}{3}} - 1\right)^{1/2} \tag{5-26}$$

式中：$R_s$——基于热剂量伤害准则，在瞬间火灾条件下得出爆炸火球的死亡半径，单位为 m；

　　　$W$——蒸汽云对爆炸火球有实际贡献的燃料质量，单位为 kg。

重伤半径为

$$R_z = 0.357W^{0.32}\left(8.8W^{\frac{1}{3}} - 1\right)^{1/2} \tag{5-27}$$

式中：$R_z$——基于热剂量伤害准则，在瞬间火灾条件下得出爆炸火球的重伤半径，单位为 m；

　　　$W$——蒸汽云对爆炸火球有实际贡献的燃料质量，单位为 kg。

轻伤半径为

$$R_Q = 0.357W^{0.32}\left(20.1W^{\frac{1}{3}} - 1\right)^{1/2} \tag{5-28}$$

式中：$R_Q$——基于热剂量伤害准则，在瞬间火灾条件下得出爆炸火球的轻伤半径，单位为 m；

　　　$W$——蒸汽云对爆炸火球有实际贡献的燃料质量，单位为 kg。

④ 燃爆区域划分。由于页岩气的主要成分是甲烷，甲烷的爆炸极限是 5%～15%。参照美国标准和欧洲及中国标准关于燃爆区域划分，认为页岩气采输井场的燃爆危险浓度为 5%，即空气中页岩气质量浓度达到 $4 \times 10^4$ mg/m$^3$，只要有能量高于最小点燃能量的点火源就会引起爆炸。考虑到页岩气采输井场的地址和地形复杂，其扩散选用高斯烟团模型。

同时，页岩气采输井场的页岩气泄漏大多在地面以上，且无论作业人员还是附近居民都在地面活动，只考虑地面的页岩气质量浓度。因此高斯烟团模型简化为

$$c(x,y,z) = \frac{V_m}{(2\pi)^{3/2}\sigma_x\sigma_y\sigma_z}\exp\left(-\frac{y^2}{2\sigma_y^2}\right) \tag{5-29}$$

式中：$c(x,y,z)$——扩散页岩气的体积分数；

　　　$V_m$——页岩气可能泄漏的最大体积量，单位为 m$^3$；

　　　$\sigma_x$、$\sigma_y$、$\sigma_z$ 分别为下风向、横风向、竖风向的扩散系数，与泄漏源到计算点的下风向距离、大气稳定度的函数、烟团的排放高度及地面粗糙度有关。

　　　$y$——横风向距离，单位为 m。

⑤ 安全防护距离的确定。为了确保页岩气采输井场作业人员和周围居民的安全，避免在采输作业过程中发生泄漏事故时遭受伤害，采用安全防护距离计算模型确定其安全防护距离为

$$D_{ij} = \text{MAX}(R_{Qi}) \qquad (5-30)$$

式中：$D_{ij}$——安全防护距离，单位为 m；

$R_{Qi}$——不同情况下求出的蒸汽云爆炸波导致轻伤半径 $R_{Q1}$、蒸汽云爆炸火球导致轻伤半径 $R_{Q2}$ 和燃爆区域的下限 $R_{Q3}$。

（2）边界条件

① 泄漏孔径。由统计资料，管道的泄漏孔径分类（代表性孔径）及相应的大小范围如表 5-6 所示。由于小孔径泄漏概率最大，最能代表实际泄漏情况。因此，选取代表性孔径为 25 mm。

表 5-6　泄漏孔径分类及相应的大小范围

| 泄漏孔径分类 | 孔径范围/mm | 代表性孔径/mm |
| --- | --- | --- |
| 微小孔 | 3-10 | 5 |
| 小孔 | 10-50 | 25 |
| 中孔 | 50-150 | 100 |
| 大孔/破裂 | >150 | 完全破裂 |

② 泄漏时间。页岩气采输站场进出站总管上设有紧急截断（ESD）阀，当站内或干线发生重大事故时自动关闭、切断气源。并在站内入口和出口设有紧急放空系统，当站内发生重大事故时紧急放空系统自动开启，泄压放空。以站场进出站总管上设有 ESD 阀，并在发生重大事故时自动关闭、切断气源的设计为基础，假设以 120 s 的泄漏量进行后果模拟计算。

③ 气象参数。模拟气象条件一般为风速 1.1 m/s、2.0 m/s、5.0 m/s，稳定度为 D、F（在此稳定度下，不利于扩散，有相对较大的危险性）。其中 5.0 m/s 为计算的最大风速，2.0 m/s 为年平均风速，1.1 m/s 为接近静风条件的最小风速。因此，选择风速为 5.0 m/s，地面粗糙度为 1 m。

3. 页岩气采输井场安全防护距离的确定

基于边界条件，选取 2 MPa 作为页岩气采输井场泄漏口的绝对压强，由式（5-18）计算可得页岩气在常温下的泄漏速率为 1.506 kg/s。在 120 s 的泄漏时间内，由式（5-19）可知，页岩气可能泄漏的量为 180.72 kg。

鉴于页岩气的主要成分是甲烷，甲烷的燃烧热值 $Q_c$ 是 55.164 MJ/kg，由式（5-21）计算可得爆源总能量 $E_0$ 是 $3.99 \times 10^8$ J。

由式（5-22）、式（5-23）和式（5-24）可得蒸汽云爆炸的爆炸波伤害范围，如表 5-7 所示。

表5－7　蒸汽云爆炸的爆炸波伤害范围

| 泄漏口绝对压强/MPa | 死亡半径/m | 重伤半径/m | 轻伤半径/m |
| --- | --- | --- | --- |
| 2 | 6 | 15 | 29 |

由式（5－26）、式（5－27）和式（5－28）可得蒸汽云爆炸的爆炸火球伤害范围，如表5－8所示。

表5－8　蒸汽云爆炸的爆炸火球伤害范围

| 泄漏口绝对压强/MPa | 死亡半径/m | 重伤半径/m | 轻伤半径/m |
| --- | --- | --- | --- |
| 2 | 10.65 | 13.15 | 19.99 |

由式（5－11）、式（5－12）和式（5－13）可得基于 Pasquill－Gifford 模型的硫化氢危害范围，如表5－4所示。

由于页岩气的主要成分是甲烷，甲烷的爆炸极限是5%～15%，其中5%爆炸下限对应的浓度为$4×10^4$ mg/m³。由式（5－29），利用自编程序模拟页岩气采输井场动火作业燃爆区域，采用的浓度分别为 $1×10^4$ mg/m³、$1.8×10^4$ mg/m³、$2.5×10^4$ mg/m³、$3.2×10^4$ mg/m³ 和 $4×10^4$ mg/m³，如图5－3所示。

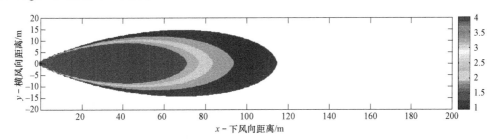

图5－3　页岩气采输井场动火作业燃爆区域

由图5－3，页岩气采输井场动火作业燃爆区域下风向 $X$ 的扩散距离和 $Y$ 的扩散距离，如表5－9所示。

表5－9　页岩气采输井场动火作业燃爆区域下风向 $X$ 的扩散距离和 $Y$ 的扩散距离

| | |
| --- | --- |
| 泄漏量/mg | $1.807\,2×10^8$ |
| $X$ 扩散距离/m | 73.2 |
| $Y$ 扩散距离/m | 8.4 |

考虑到页岩气采输过程中最重大的危险是火灾爆炸，由计算得到的蒸汽云爆炸波导致轻伤半径 $R_{Q1}$、蒸汽云爆炸火球导致轻伤半径 $R_{Q2}$ 和燃爆区域的下限 $R_{Q3}$，确定页岩气采输井场作业安全防护距离73.2 m。

# 第六章

# 页岩气井场作业安全防护模型优化

## （一）页岩气钻井井场作业安全防护数学模型优化

### 1. 不同无阻流量下蒸汽云爆炸的爆炸波伤害范围

据不完全统计，页岩气单井无阻流量为 $15.3 \times 10^4 \sim 155.8 \times 10^4$ m³/d。因此，分别选取 $15 \times 10^4$ m³/d、$30 \times 10^4$ m³/d、$45 \times 10^4$ m³/d、$60 \times 10^4$ m³/d、$100 \times 10^4$ m³/d、$130 \times 10^4$ m³/d 和 $160 \times 10^4$ m³/d 作为页岩气井无阻流量，计算其相应的蒸汽云爆炸的爆炸波伤害范围，如表 6−1 所示。

表 6−1　不同无阻流量下蒸汽云爆炸的爆炸波伤害范围

| 无阻流量/（×10⁴m³/d） | 死亡半径/m | 重伤半径/m | 轻伤半径/m |
|---|---|---|---|
| 15 | 11 | 28 | 54 |
| 30 | 14 | 35 | 68 |
| 45 | 16 | 40 | 78 |
| 60 | 18 | 44 | 85 |
| 100 | 22 | 52 | 101 |
| 130 | 24 | 57 | 110 |
| 160 | 26 | 61 | 118 |

由表 6−1 可知，随着页岩气井无阻流量的增加，相应的蒸汽云爆炸的爆炸波伤害范围亦会增加，但不呈线性规律。

2. 不同无阻流量下蒸汽云爆炸的爆炸火球伤害范围

选取 $15 \times 10^4$ m³/d、$30 \times 10^4$ m³/d、$45 \times 10^4$ m³/d、$60 \times 10^4$ m³/d、$100 \times 10^4$ m³/d、$130 \times 10^4$ m³/d 和 $160 \times 10^4$ m³/d 作为页岩气井无阻流量，计算其相应的蒸汽云爆炸的爆炸火球伤害范围，如表6-2所示。

表6-2　不同无阻流量下蒸汽云爆炸的爆炸火球伤害范围

| 无阻流量/（$\times 10^4$m³/d） | 死亡半径/m | 重伤半径/m | 轻伤半径/m |
|---|---|---|---|
| 15 | 26.06 | 32.10 | 48.67 |
| 30 | 36.57 | 45.03 | 68.23 |
| 45 | 44.59 | 54.89 | 83.13 |
| 60 | 51.32 | 63.16 | 95.64 |
| 100 | 65.85 | 81.03 | 122.66 |
| 130 | 74.85 | 92.08 | 139.38 |
| 160 | 82.83 | 101.89 | 154.21 |

由表6-2可知，随着页岩气井无阻流量的增加，相应的蒸汽云爆炸的爆炸火球伤害范围亦会增加，但不呈线性规律。

3. 不同无阻流量下基于Pasquill-Gifford模型的硫化氢危害范围

选取 $15 \times 10^4$ m³/d、$30 \times 10^4$ m³/d、$45 \times 10^4$ m³/d、$60 \times 10^4$ m³/d、$100 \times 10^4$ m³/d、$130 \times 10^4$ m³/d 和 $160 \times 10^4$ m³/d 作为页岩气井无阻流量，计算其相应的基于Pasquill-Gifford模型的硫化氢危害范围，如表6-3所示。

表6-3　不同无阻流量下基于Pasquill-Gifford模型的硫化氢危害范围

| 无阻流量/（$\times 10^4$m³/d） | $f_{H_2S}$ | 100 mg/L $H_2S$ 危害范围/m | 300 mg/L $H_2S$ 危害范围/m | 500 mg/L $H_2S$ 危害范围/m |
|---|---|---|---|---|
| 15 | 2.00% | 11.52 | 8.74 | 5.26 |
| 30 | 2.00% | 17.77 | 13.48 | 8.12 |
| 45 | 2.00% | 22.90 | 17.37 | 10.47 |
| 60 | 2.00% | 27.42 | 20.80 | 12.53 |
| 100 | 2.00% | 37.75 | 28.64 | 17.25 |
| 130 | 2.00% | 44.49 | 33.75 | 20.33 |
| 160 | 2.00% | 50.66 | 38.43 | 23.15 |

由表 6-3 可知，随着页岩气井无阻流量的增加，相应的基于 Pasquill-Gifford 模型的硫化氢危害范围亦会增加，但不呈线性规律。

4. 不同硫化氢含量下基于 Pasquill-Gifford 模型的硫化氢危害范围

选取 0.5%、1.0%、2.0%、5.0% 和 20% 作为页岩气井的硫化氢体积含量，计算其相应的基于 Pasquill-Gifford 模型的硫化氢危害范围，如表 6-4 所示。

表 6-4 不同硫化氢含量下基于 Pasquill-Gifford 模型的硫化氢危害范围

| 无阻流量/（×10⁴m³/d） | $f_{H_2S}$ | 100 mg/L H₂S 危害范围/m | 300 mg/L H₂S 危害范围/m | 500 mg/L H₂S 危害范围/m |
|---|---|---|---|---|
| 60 | 0.50% | 11.52 | 8.74 | 5.26 |
| 60 | 1.00% | 17.77 | 13.48 | 8.12 |
| 60 | 2.00% | 27.42 | 20.80 | 12.53 |
| 60 | 5.00% | 48.66 | 36.91 | 22.23 |
| 60 | 20.00% | 115.85 | 87.88 | 52.94 |

由表 6-4 可知，随着页岩气井硫化氢含量的增加，相应的基于 Pasquill-Gifford 模型的硫化氢危害范围亦会增加。

5. 不同无阻流量下基于高斯模型的硫化氢危害范围

选取 $15 \times 10^4 m^3/d$、$30 \times 10^4 m^3/d$、$45 \times 10^4 m^3/d$、$60 \times 10^4 m^3/d$、$100 \times 10^4 m^3/d$、$130 \times 10^4 m^3/d$ 和 $160 \times 10^4 m^3/d$ 作为页岩气井无阻流量，利用自编程序可得不同无阻流量下页岩气（硫化氢体积含量5.0%）的硫化氢气体扩散等浓度曲线，如图 6-1 至图 6-7 所示。

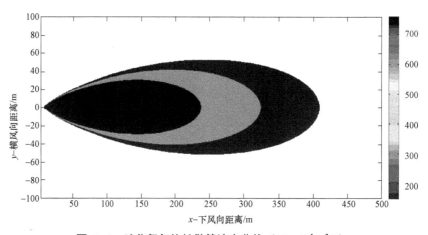

图 6-1 硫化氢气体扩散等浓度曲线（$15 \times 10^4 m^3/d$）

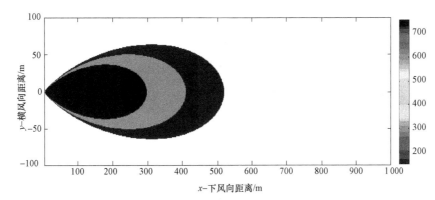

图 6-2　硫化氢气体扩散等浓度曲线（$30 \times 10^4 \, \text{m}^3/\text{d}$）

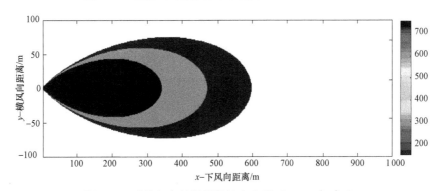

图 6-3　硫化氢气体扩散等浓度曲线（$45 \times 10^4 \, \text{m}^3/\text{d}$）

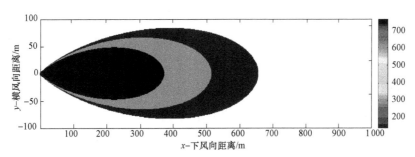

图 6-4　硫化氢气体扩散等浓度曲线（$60 \times 10^4 \, \text{m}^3/\text{d}$）

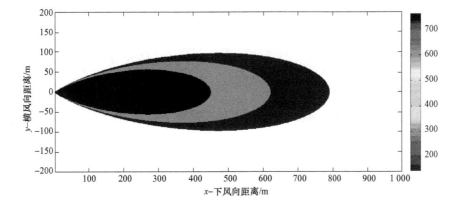

图 6-5　硫化氢气体扩散等浓度曲线（$100 \times 10^4 \, \text{m}^3/\text{d}$）

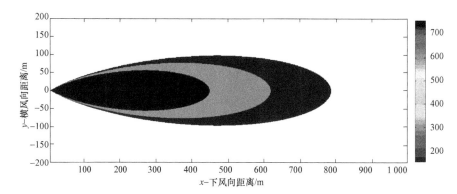

图 6-6 硫化氢气体扩散等浓度曲线（130×10⁴ m³/d）

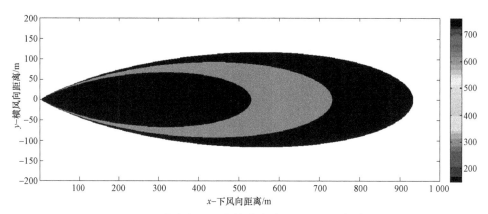

图 6-7 硫化氢气体扩散等浓度曲线（160×10⁴ m³/d）

由图可知，随着无阻流量的增大，致死区域、重伤区域和轻伤区域的扩散距离和扩散面积都会增加。

6. 不同含硫量下基于高斯模型的硫化氢危害范围

选取 1.0%、2.0% 和 5% 作为页岩气井的硫化氢体积含量，利用自编程序可得不同无阻流量下页岩气（无阻流量 15×10⁴ m³/d）的硫化氢气体扩散等浓度曲线，如图 6-8 至图 6-10 所示。

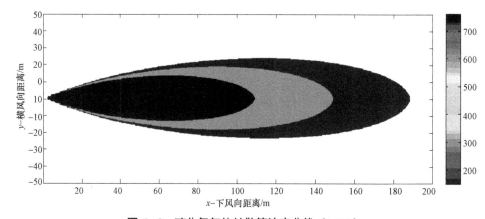

图 6-8 硫化氢气体扩散等浓度曲线（1.0%）

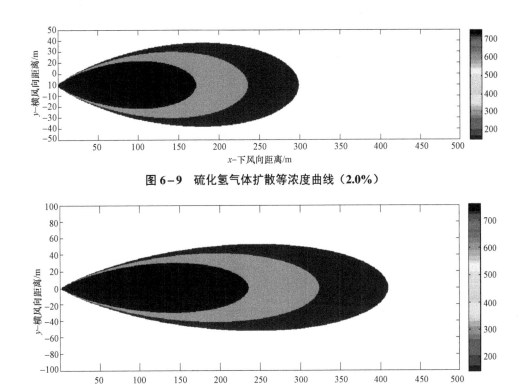

图6-9　硫化氢气体扩散等浓度曲线（2.0%）

图6-10　硫化氢气体扩散等浓度曲线（5.0%）

由图可知，随着 $H_2S$ 气体体积分数的增大，致死区域、重伤区域和轻伤区域的扩散距离和扩散面积都会增加。

7. 模型优化

利用事故风险后果定量模拟实验进行反演，页岩气钻井井场作业安全防护数学模型的优化与无阻流量直接相关，尽管硫化氢含量也会影响页岩气钻井井场作业安全防护距离，但是钻遇硫化氢的可能性不大，出现井喷失控的可能性更小。因此，页岩气采输井场作业安全防护距离的确定应结合邻井地质资料和无阻流量，并综合考虑地形、人口分布、工艺、环境等因素，同时注意其差异性。

**（二）页岩气采输井场作业安全防护数学模型优化**

1. 不同泄漏孔径下蒸汽云爆炸的爆炸波伤害范围

对于微小孔、小孔、中孔，分别选择具有代表性的孔径 5 mm，25 mm 和 100 mm，计算其相应的蒸汽云爆炸的爆炸波伤害范围，如表6-5所示。

表6-5　不同泄漏孔径下蒸汽云爆炸的爆炸波伤害范围

| 泄漏口绝对压强/MPa | 泄漏孔径/mm | 死亡半径/m | 重伤半径/m | 轻伤半径/m |
|---|---|---|---|---|
| 2 | 5 | 1.7 | 5.1 | 10.0 |

续表

| 泄漏口绝对压强/MPa | 泄漏孔径/mm | 死亡半径/m | 重伤半径/m | 轻伤半径/m |
|---|---|---|---|---|
| 2 | 25 | 6 | 15 | 29 |
| 2 | 100 | 15.4 | 37.8 | 73.7 |

由表6-5可知，随着孔径的增加，相应的蒸汽云爆炸的爆炸波伤害范围亦会增加。

2. 不同泄漏孔径下蒸汽云爆炸的爆炸火球伤害范围

对于微小孔、小孔、中孔和大孔/破裂，分别选择具有代表性的孔径 5 mm，25 mm 和 100 mm，计算其相应的蒸汽云爆炸的爆炸火球伤害范围，如表6-6所示。

**表6-6 不同泄漏孔径下蒸汽云爆炸的爆炸火球伤害范围**

| 泄漏口绝对压强/MPa | 泄漏孔径/mm | 死亡半径/m | 重伤半径/m | 轻伤半径/m |
|---|---|---|---|---|
| 2 | 5 | 2.15 | 2.69 | 4.13 |
| 2 | 25 | 10.65 | 13.15 | 19.99 |
| 2 | 100 | 41.43 | 51.01 | 77.26 |

由表6-6可知，随着孔径的增加，相应的蒸汽云爆炸的爆炸火球伤害范围亦会增加。

3. 不同泄漏孔径下页岩气采输井场动火作业燃爆区域

对于微小孔、小孔、大孔和大孔/破裂，分别选择具有代表性的孔径 5 mm，25 mm，100 mm 和 200 mm，利用自编程序模拟页岩气采输井场动火作业燃爆区域，采用的浓度分别为 $1 \times 10^4$ mg/m$^3$、$1.8 \times 10^4$ mg/m$^3$、$2.5 \times 10^4$ mg/m$^3$、$3.2 \times 10^4$ mg/m$^3$ 和 $4 \times 10^4$ mg/m$^3$，如图6-11至图6-14所示。

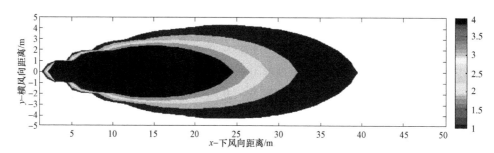

**图6-11 页岩气采输井场动火作业燃爆区域（泄漏孔径 5 mm）**

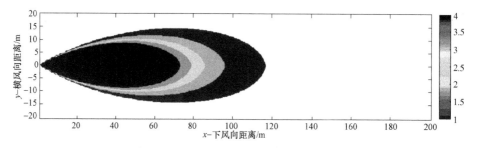

**图6-12 页岩气采输井场动火作业燃爆区域（泄漏孔径 25 mm）**

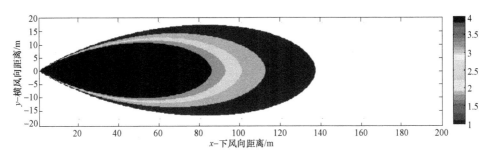

**图 6-13　页岩气采输井场动火作业燃爆区域（泄漏孔径 100 mm）**

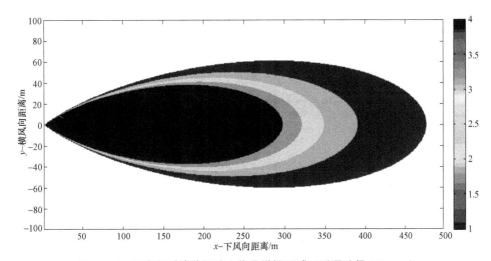

**图 6-14　页岩气采输井场动火作业燃爆区域（泄漏孔径 200 mm）**

由图 6-11 至图 6-14，不同泄漏孔径下页岩气采输井场动火作业燃爆区域下风向 $X$ 的扩散距离和 $Y$ 的扩散距离，如表 6-7 所示。随着泄漏孔径的增大，会伴随泄漏量的增大，进而导致页岩气采输井场动火作业燃爆区域相应增大。

**表 6-7　不同泄漏孔径下页岩气采输井场动火作业燃爆区域扩散距离**

| 泄漏孔径/mm | 5 | 25 | 100 | 200 |
|---|---|---|---|---|
| $X$ 扩散距离/m | 24.8 | 73.2 | 85.6 | 288.5 |
| $Y$ 扩散距离/m | 3.8 | 8.4 | 9.7 | 33.2 |

**4. 不同大气稳定度下页岩气采输井场动火作业燃爆区域**

当泄漏孔径为 5 mm，地面粗糙度为 1 m，选取大气稳定度分别为 A、B、C、D、E、F，得到不同大气稳定度下的修正系数分别为 0.042、0.115、0.15、0.38、0.3、0.57。当扩散达到稳定状态后，页岩气采输井场动火作业燃爆区域如图 6-15 至图 6-20 所示。

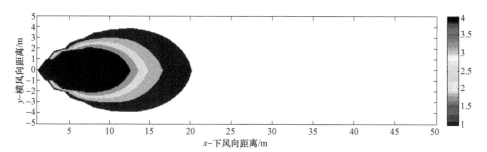

图 6-15　页岩气采输井场动火作业燃爆区域（大气稳定度 A）

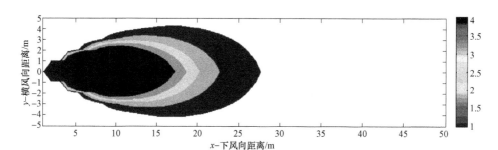

图 6-16　页岩气采输井场动火作业燃爆区域（大气稳定度 B）

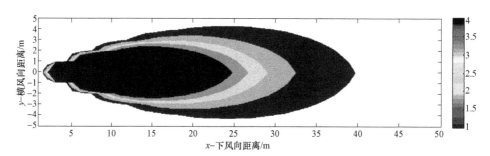

图 6-17　页岩气采输井场动火作业燃爆区域（大气稳定度 C）

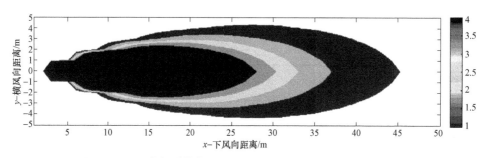

图 6-18　页岩气采输井场动火作业燃爆区域（大气稳定度 D）

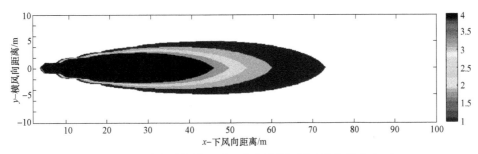

**图6-19 页岩气采输井场动火作业燃爆区域（大气稳定度E）**

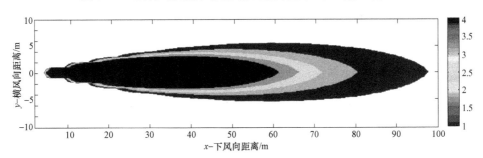

**图6-20 页岩气采输井场动火作业燃爆区域（大气稳定度F）**

由图6-15至图6-20，不同大气稳定度下页岩气采输井场动火作业燃爆区域下风向 $X$ 的扩散距离和 $Y$ 的扩散距离，如表6-8所示。随着大气稳定度越稳定，页岩气采输井场动火作业燃爆区域也相应增大。因为大气越稳定，泄漏气云不易向高空消散，而贴近地表扩散；大气越不稳定，空气垂直运动越强，泄漏气云消散得越快。

**表6-8 不同大气稳定度下页岩气采输井场动火作业燃爆区域扩散距离**

| 大气稳定度/（cm³×min） | A | B | C | D | E | F |
|---|---|---|---|---|---|---|
| $X$ 扩散距离/m | 13.8 | 17.2 | 24.5 | 27.2 | 46.3 | 61.8 |
| $Y$ 扩散距离/m | 1.7 | 2.1 | 2.3 | 2.4 | 3.1 | 4.4 |

**5. 不同地面粗糙度下页岩气采输井场动火作业燃爆区域**

其他条件不变，选择 0.01 m、0.2 m、1 m 和 2 m 作为地面粗糙度。当扩散达到稳定状态后，页岩气采输井场动火作业燃爆区域如图6-21至图6-24所示。

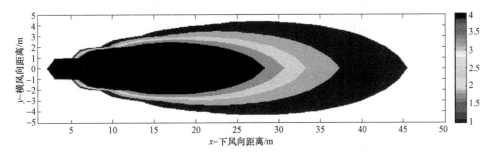

**图6-21 页岩气采输井场动火作业燃爆区域（地面粗糙度 0.01 m）**

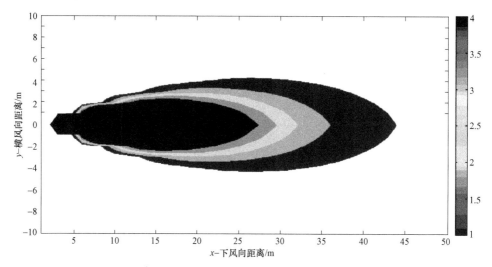

图6-22 页岩气采输井场动火作业燃爆区域（地面粗糙度 0.2 m）

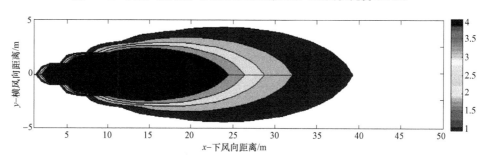

图6-23 页岩气采输井场动火作业燃爆区域（地面粗糙度 1 m）

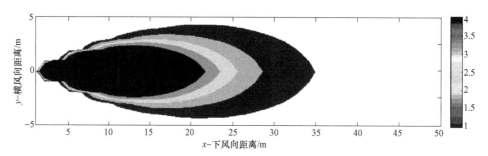

图6-24 页岩气采输井场动火作业燃爆区域（地面粗糙度 2 m）

由图 6-21 至图 6-24，分析得出不同地面粗糙度下页岩气采输井场动火作业燃爆区域下风向 $X$ 的扩散距离和 $Y$ 的扩散距离，如表 6-9 所示。随着地面粗糙度的增加，页岩气采输井场瞬时泄漏达到稳定状态后沿地表的扩散距离相应减小。

表6-9 不同地面粗糙度下页岩气采输井场动火作业燃爆区域扩散距离

| 地面粗糙度 $Z_0$/m | 0.01 | 0.2 | 1 | 2 |
| --- | --- | --- | --- | --- |
| $X$ 扩散距离/m | 27.8 | 27.2 | 24.6 | 22.8 |
| $Y$ 扩散距离/m | 2.6 | 2.3 | 2.2 | 2.1 |

6. 模型优化

利用事故风险后果定量模拟实验进行反演，页岩气采输井场作业安全防护数学模型优化的重点在于泄漏量的确定，而影响泄漏量的因素包括泄漏孔径、大气稳定度、地面粗糙度等。因此，页岩气采输井场作业安全防护距离的确定应综合考虑地形、人口分布、工艺、环境等因素，并注意其差异性。

# 第三部分

## 石油企业生产安全支撑体系综合评价模型

# 第七章

# 安全支撑体系模型

## （一）生命平台支撑体系理论

北京交通大学宋守信教授在中国职业安全健康协会 2005 年学术年会上，发表了题为"坚持以人为本，构建基于科学发展观的生命平台支撑体系"的报告，提出了生命平台支撑体系的概念。生命平台，指由个体生命链接在一起所构成的，环环相扣的企业、组织、城市、社会发展的基础，是人和社会全面、协调、可持续发展所有活动的舞台。生命平台概念强调的是人和人类社会所有活动都建立在生命平台之上。生命平台的失稳或倾覆，都会导致人的思想情绪乃至社会的动荡不安。

生命平台体现了人与人之间的生命相关性。个体生命的相互连接构成了紧密的生命群体，生命群体的环环相扣构建了坚实的生命平台。生命平台在社会生活中具有不可替代的作用。只有生命平台稳固，人和社会的发展才能健康有序地进行。任何压制、阻碍、残害和毁灭个体生命的行为，都将对生命群体，进而对生命平台的稳定性和完整性造成破坏，最终对人类和社会的发展造成冲击。生命平台垮了，平台上面的个体、家庭、企业、社会都会一起垮掉。

一些地方和企业在进行保障生命安全工作时，经常把着力点放在管理、技术、人员素质等因素上。这就好比在水中立起了几根柱子，人在柱子顶端是无法正常活动的，只有搭建起一个生命的平台，人才可以在上面自由活动。

生命平台作为一个特殊的实体，必须用一个完整的体系来支撑。支撑体系包括三大元素：人的元素、物质元素和约束元素。人的元素包括生产者、管理者等；物质元素包括资金、设备、技术等；约束元素包括政策、法规、制度、文化、预警机制、救援机制等。以这三个元素为核心，分别形成了三个子系统，即组织成员子系统、物质技术子系统和人文社会子系统。组织成员子系统包括企业各层面的人员；物质技术子系统包括生产工具、生产环境和各种技术手段等；人文社会子系统包括经济状况、政策法规和企业文化等。这三个系统相交，又形成安全环境、安全行为、安全意识和安全状态四个集合。这些系统和集合构成了完整的生命平台支撑体系。

三个支撑元素就像三根支柱，必须同样坚固、同样可靠、同样高度，其支撑的生命平台才能稳固。任何一个元素的缺失，都会破坏平台的平衡。在生命平台支撑系统的建设中，我们必须做到三个元素协调发展，否则很可能出现因某些环节的疏忽而导致全盘皆输的"短柱效应"。

生命平台支撑体系的构建有助于使安全生产管理者把生命安全作为一个有机整体来考虑，从而更加系统地思考安全生产工作，为劳动者的生产活动提供全方位的安全保障。

**（二）安全生产平台支撑子体系系统相互作用机制**

1. 企业安全支撑体系行为作用模型

企业安全支撑体系由成员支撑体系、技术支撑体系、组织支撑体系和制度支撑体系四个大系统构成。各个系统之间的协同、均衡的发展才能有效地推动整个支撑体系的发展。虽然每个系统相对比较独立，但它们之间也存在着普遍的联系，不同系统作用于其他系统时会产生不同的行为，因而非常有必要对这些行为进行分析，以便进一步了解企业安全支撑体系的作用行为机制。企业安全支撑体系的行为作用模型如图7-1所示。

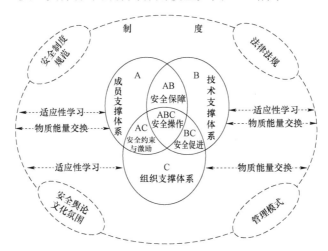

**图7-1 企业安全支撑体系的行为作用模型**

在企业安全支撑体系的行为作用模型中，分别用A、B、C来表示成员支撑体系、技术支撑体系、组织支撑体系三个内部系统。在系统模型中的最外圈是制度支撑体系，是外部系统。企业安全支撑体系的三个内部系统与外部系统作用一般只会产生两种行为，即：适应性学习行为和物质能量交换行为。三个系统也正是通过这两种行为，不断发现新规则并且改变自身的应对手段从而进一步适应环境，进而逐步由低级安全支撑体系发展成为高级安全支撑体系。

三个系统间相互作用一共会产生四种行为，公式为

AB=安全保障=（成员支撑体系）∩（技术支撑体系）

$$AC = 安全约束与激励 = （成员支撑体系）\cap（组织支撑体系）$$
$$BC = 安全操作 = （技术支撑体系）\cap（组织支撑体系）$$
$$ABC = 安全操作 = （成员支撑体系）\cap（技术支撑体系）\cap（组织支撑体系）$$

**2. 企业安全支撑体系效用模型**

企业安全支撑体系的运行将沿着生成安全对策－克服事故致因因素－确保安全状态－提升安全表现这样一条路径来展开，也就是说，最终的安全表现取决于安全状态，安全状态要看对事故致因因素的控制情况，对事故致因因素的控制在于安全对策的有效性，而安全对策则是由企业安全支撑体系在运行过程中自动生成的。

企业安全支撑体系的作用在于针对不同事故致因因素产生出不同的安全对策，用以克服事故致因因素中所存在的不足。就安全对策而言，主要集中在安全约束、安全激励、安全能力提升和设备安全性保障这四个方面。不同的安全对策将针对不同的事故致因因素发生作用。不同的致因因素对不同的安全状态起到作用，最终体现为企业的安全表现。

企业安全支撑体系的三大内部支撑系统将在五个层次产生不同的效用，从而最终提升企业的安全表现，确保企业安全生产的顺利进行。企业安全支撑体系的效用模型如图7-2所示。

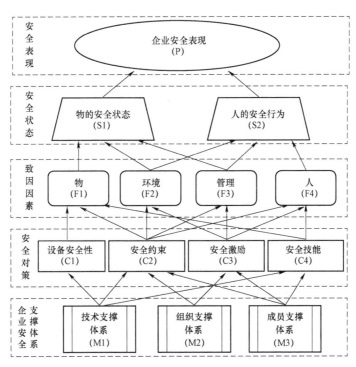

**图7-2　企业安全支撑体系的效用模型**

不同层级中的作用因素都有不同的作用效果表达式，具体有五种。

（1）安全支撑体系层

企业安全支撑体系层主要包含了企业安全支撑体系的三大内部支撑系统，分别为：技术支撑体系M1、组织支撑体系M2和成员支撑体系M3。

（2）安全对策层

安全对策层一共会产生四种不同的作用对策，分别为设备安全性提升对策 C1、安全约束对策 C2、安全激励对策 C3 和安全技能提升对策 C4。不同安全对策来源于企业安全支撑体系层的三个要素 M1、M2 和 M3。其作用函数的表达式为

$$C1=f（M1） \qquad C2=f（M1，M2，M3）$$
$$C3=f（M2，M3） \qquad C4=f（M1，M3）$$

（3）致因因素层

根据事故系统四要素理论，致因因素层共包含四个要素，分别为：物（F1 表示）、环境（F2 表示）、管理（F3 表示）和人（F4 表示）。对于不同事故致因因素的控制来源于安全对策层的四个不同对策 C1、C2、C3 和 C4，其作用函数表达式为

$$F1=f（C1，C2，C4） \qquad F2=f（C2，C3）$$
$$F3=f（C2，C3） \qquad F4=f（C2，C3，C4）$$

（4）安全状态层

根据事故致因因素理论，安全状态层主要包含物的安全状态（S1 表示）和人的安全行为（S2 表示）两种安全状态，与前几个层相似，S1 、S2 同样是上一层因素的函数。具体表达式为

$$S1=f（F1，F2，F3） \qquad S1=f（F2，F3，F4）$$

（5）安全表现层

安全表现层是企业生产过程中的最终安全的表现情况，也是企业安全支撑体系作用模型的最终输出。该层只有一个因素，即为安全表，记作 P。P 为安全状态层的函数，即 P 的取值在于企业对于物的不安全状态和人的不安全行为的控制情况，其函数表达式为

$$P=f（S1，S2）$$

由上述分析可以看出，企业安全支撑体系不是单层的作用模型，而是经由不同的层次发挥作用，最终达到影响企业安全表现的目的。

## （三）安全平台支撑体系模型

本书通过电话访谈、面谈、电子邮件等方式对石油企业生产安全管理方面的专家、教授、企业负责人进行咨询，征询其对安全平台支撑体系的看法，初步确定了企业安全生产平台支撑体系构成的宏观模型。企业安全平台支撑体系包括制度支撑体系、组织支撑体系、技术支撑体系以及成员支撑体系四个方面，安全平台支撑体系的核心应该是人员，即企业员工，只有具有能动性的人的积极性被调动起来，才能实现根本意义上的安全。

### 1. 石油企业安全平台支撑体系宏观模型

为了更加直观的表述安全平台支撑体系研究视角当中的"均衡发展"和"短柱效应"，突出安全平台支撑体系的研究特点，课题组构建了安全平台支撑体系宏观模型。安全平台支撑体系的制度支撑体系、组织支撑体系、技术支撑体系以及成员支撑体系必须均衡发展才能保证安全平台支撑体系支撑功能的实现。探究造成这种现象的原因可知，是因为安全平台支撑体系的四个子系统产生了"轨迹交叉"效应，使得它们之间形成了相互联系、不可分割的

依存关系。

安全科学理论认为，典型的安全系统主要是由人、机、环境三要素所构成。而根据2005年的研究，导致事故的因素主要集中在人、物、安全管理和环境这四个方面。结合安全系统理论和事故系统四要素理论，本书认为，企业安全平台支撑体系的四大系统，与安全系统理论及事故系统四要素理论的对应关系如图7-3所示。

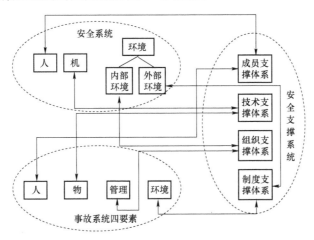

**图7-3 企业安全支撑体系结构与安全系统理论及事故系统理论的对应关系**

**2. 石油企业安全平台支撑体系微观模型**

安全平台支撑体系自组织系统有两个基本特征。一是系统内部的组成要素数必须大于3，只有这样，系统内部才有可能存在非线性相互作用，而非线性相互作用是自组织系统演化基本动力所必需的基础。二是系统必须是开放的，只有当外部环境向系统输入的物质、能量和信息达到一定阈值时，系统的自组织才能发生。

安全平台支撑体系的元素及其之间的关系纷繁交错、不断变化，很难找到一个在因素数量及其相关性上如此复杂的系统，安全平台支撑体系是一个十分复杂的、开放的、动态的巨系统，如图7-4所示。

同时，安全平台支撑体系具有复杂系统的特征。

（1）开放性

安全平台支撑体系在发展过程中，支撑要素间、子系统间、系统与边界之间总是相互联系和相互作用，不断发生人员、物质、能量、信息等各方面的交换。开放性是安全平台支撑体系赖以发展的基础，系统通过与外界能量和物质的交换，不但能使系统进行结构重组，产生新的有序结构，还能不断地同外部环境相互作用，吸收新的要素，使自己不断复杂化以适应环境的变化。

（2）耗散性

虽然其通过自组织作用可以达到局部的、暂时的、相对的稳定，但这种稳定很容易为微小的扰动所破坏。特别是由于系统的突变或畸变，或过程由连续到非连续变化，使致灾物质或能量突然释放。

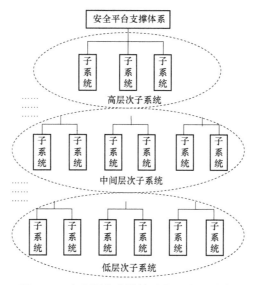

**图7-4 安全平台支撑体系是一个巨系统**

（3）协同性

安全平台支撑体系是由许多要素组成的。安全平台支撑体系的系统结构具有整体性，这就是说结构的内部具有贯通性，各个系统构成一个有机联系的统一整体，而不是独立系统的混合。

（4）整体性和相干性

转换性是指结构的变动性，结构的变化和发展。自调性是指结构能够自行调整，自行发展，结构某一成分的变化必将引起相关成分的变化。与安全平台支撑体系的动态特征相比，安全平台支撑体系结构的自调性和转换性特征，使其处在一种相对稳定的态势。正是这种相对稳定的态势使安全平台支撑体系能够在面对来自系统内外的发展变化时，在大多数情况下保持结构的相对稳定，而也正是由于这种结构的相对稳定，时常会掩盖安全生产过程中的已经存在的问题。

（5）层次性

安全系统具有很强的层次结构和功能结构，安全系统耦合度高，系统中各子系统之间的联系广泛而紧密，使得系统成为一个有机的整体。

微观模型实质就是对于宏观模型的进一步细化，我们通过 BEI 方法进行调查问卷分析，设计问卷时主要要注意信度与效度的问题。信度就是对测量一致性程度的估计，多种原因都可导致信度的降低。效度即有效性，是指测量工具或手段能够准确测出所需测量的事物的程度。效度是指所测量到的结果反映所想要考察内容的程度，测量结果与要考察的内容越吻合，则效度越高；反之，则效度越低。效度分为3种类型：内容效度、准则效度和结构效度。

（1）信度估计

一份调查问卷的质量如何，信度是最重要的衡量指标之一。根据各个方面的实际情况，采用"内在一致性信度"来衡量本次调查的信度。由于测验既无复本，又由于条件限制，不可能重新测验，故采用内在一致性系数来估计测验的信度。用"分半法"把测验题目按奇偶顺序分成两个尽可能平行的半份测验，然后计算两半之间的相关度，即得到分半信度系数 $\gamma_{hh}$，由于这种方法很可能低估原长测验的信度，所以需要用斯皮尔曼 – 布朗公式（Spearman – Brown）对分半信度系数进行修正，可以获得修正后的分半信度，即原长测验的信度估计值 $\gamma_{tt}$。公式为

$$\gamma_{tt} = \frac{2\gamma_{hh}}{1+\gamma_{hh}}，\text{ 其中 } \gamma_{hh} = \frac{\sum x_o x_e - \sum x_o \sum x_e \big/ n}{\sqrt{\sum x_o^2 - (\sum x_o)^2 \big/ n}\sqrt{\sum x_e^2 - (\sum x_e)^2 \big/ n}} \qquad (7-1)$$

式中：$x_o$——奇数题目得分；

$\quad\quad x_e$——偶数题目得分。

将数据代入式（7–1）得到 $\gamma_{tt} = 0.724$，具有较好的信度。

（2）效度估计

效度是能够准确测量出所需测量的事物的程度。鉴于研究的具体条件，我们采用"结构效度"。结构效度是一种能说明心理学上的理论结构或特质的程度的测量，或者说是用心理学上的结构或特质来解释测验分数的恰当程度。其着重点则是测验本身，测验赖以编制起来的心理结构理论和测验测量到该理论结构或者特质的能力。采用因素分析法来验证测验的效度。因素分析是在分析人的行为资料的内部相关，探索人的心理特质结构的过程中逐步发展起来的。通过因素分析，研究者可以探明测验究竟测到了几个彼此相对独立的因素，测验各组成部分甚至各试题在几个公共因素上的负荷大小，从而从整体关系和各个方面对所测的结构进行量化分析。因此，因素分析是测验结构效度验证的有效方法。同时，利用因素分析法，测验编制者还可以在测验编制过程中进行测验题目的选编。编制题目时，测验编制者总是试图使用少数几个测验题目，尽可能完整地反映测验内容。从心理测量学的角度看，好的测验其所测量到的应该是同一变量。为达到这一个目的。可以通过实施大量测题，并计算测题间的相关性之后，进行因素分析，选取在一般因素上负荷高的题目构成测验。因素分析方法在选题中的应用保证了测验符合预定的测量要求，提高了测验的结构效度。为此，采用因素分析，对问卷中的项目进行斜交旋转，抽取特征值大于 1.5 的 4 个因子，这 4 个因子累计能够解释 85.892% 的变异量，进一步用最大变异旋转法进行旋转，结果表明，这 4 个主因素可以分别命名为：制度、组织因子、技术因子、成员因子，从而可知测试具有较好的结构效度。

对重庆市部分石油企业负责安全管理的人员进行访谈，得到大量资料并进行取舍后，初步确定了有关企业安全平台支撑体系的具体指标。再对指标进行简单的归纳统计分析整理，剔除明显重复指标和相关性较强的指标，最后初步确定入选 36 个指标，对指标进行明确界定后，设计出《企业安全因素调查表》（36 个题目）。

调查样本选取重庆部分石油企业安全管理负责人作为调查对象，选取人数 121 名，年龄在 30～46 岁，文化程度为专科至研究生，均为男性。实际接受调查 118 人，共填写《企业安全因素调查表》118 份，回收 110 份，有效 100 份，有效率为 84.75%，全部数据在 13.0 版本 SPSS 统计软件包上进行统计分析。随后得到可能安全因素的排名和重要性程度，结合查阅有关文献资料并采用内容分析法初步整理获得安全因素指标共 32 个，将这些因素编制

成 Likert5 点量表，如表 7-1 所示。运用德尔菲法，请 12 位有关专家（取得高级职称的专业安全技术人员 5 名、院校资深教授 4 名、高级主管 3 名）分别从毫不重要（1 分）～至关重要（5 分）对这些因素的重要程度进行逐一评定。根据重要程度的差异，去掉得分在 4 分（非常重要）以下的项目，由此共选出 16 个安全特征指标（表 7-1 中画线部分）。研究采取的主要方法为行为事件访谈法（BEI）、问卷调查（CRQ）、德尔菲法（Delphi）。

表 7-1 安全指标重要性程度平均分统计

| 分类 | 名称 | 特征序号 | 得分频次 | | | | | 平均分 |
|---|---|---|---|---|---|---|---|---|
| | | | 至关重要（5） | 非常重要（4） | 重要（3） | 一般（2） | 毫不重要（1） | |
| 制度支撑体系（$C_1$） | 法律法规 | $C_{11}$ | 10 | 2 | 0 | 0 | 0 | 4.83 |
| | 安全法制环境 | $C_{12}$ | 2 | 3 | 3 | 4 | 0 | 3.25 |
| | 安全制度规范 | $C_{13}$ | 8 | 2 | 2 | 0 | 0 | 4.50 |
| | 安全教育制度 | $C_{14}$ | 1 | 1 | 3 | 6 | 1 | 2.58 |
| | 安全价值观 | $C_{15}$ | 2 | 2 | 3 | 5 | 0 | 3.08 |
| | 管理模式 | $C_{16}$ | 9 | 2 | 1 | 0 | 0 | 4.67 |
| | 安全标准体系 | $C_{17}$ | 5 | 3 | 2 | 2 | 0 | 3.42 |
| | 安全文化氛围 | $C_{18}$ | 8 | 2 | 2 | 0 | 0 | 4.50 |
| 组织支撑体系（$C_2$） | 企业安全管理 | $C_{21}$ | 8 | 2 | 2 | 0 | 0 | 4.50 |
| | 政府安全监管 | $C_{22}$ | 7 | 5 | 0 | 0 | 0 | 4.58 |
| | 领导重视程度 | $C_{23}$ | 1 | 2 | 3 | 6 | 0 | 2.83 |
| | 企业应急管理 | $C_{24}$ | 8 | 2 | 2 | 0 | 0 | 4.50 |
| | 群体教育程度 | $C_{25}$ | 1 | 4 | 3 | 4 | 0 | 3.17 |
| | 企业理念 | $C_{26}$ | 0 | 1 | 2 | 6 | 3 | 2.08 |
| | 资金投入 | $C_{27}$ | 0 | 0 | 2 | 9 | 1 | 2.08 |
| | 培训宣教体系 | $C_{28}$ | 9 | 2 | 1 | 0 | 0 | 4.67 |
| 技术支撑体系（$C_3$） | 科技创新体系 | $C_{31}$ | 3 | 2 | 1 | 5 | 1 | 3.08 |
| | 生产安全技术 | $C_{32}$ | 9 | 3 | 0 | 0 | 0 | 4.75 |
| | 中介服务体系 | $C_{33}$ | 10 | 2 | 0 | 0 | 0 | 4.83 |
| | 安全生产环境 | $C_{34}$ | 9 | 3 | 0 | 0 | 0 | 4.75 |
| | 设备可靠性 | $C_{35}$ | 8 | 3 | 1 | 0 | 0 | 4.58 |
| | 新技术开发 | $C_{36}$ | 0 | 0 | 5 | 5 | 2 | 2.25 |
| | 新技术应用 | $C_{37}$ | 0 | 0 | 3 | 7 | 2 | 2.08 |
| | 技术领先程度 | $C_{38}$ | 0 | 0 | 6 | 6 | 0 | 2.50 |
| 成员支撑体系（$C_4$） | 员工的文化素质 | $C_{41}$ | 8 | 2 | 2 | 0 | 0 | 4.50 |
| | 员工的技术素质 | $C_{42}$ | 9 | 2 | 1 | 0 | 0 | 4.67 |
| | 员工的安全意识 | $C_{43}$ | 10 | 2 | 0 | 0 | 0 | 4.83 |

续表

| 分类 | 名称 | 特征 | 得分频次 | | | | | 平均分 |
| --- | --- | --- | --- | --- | --- | --- | --- | --- |
| | | 序号 | 至关重要（5） | 非常重要（4） | 重要（3） | 一般（2） | 毫不重要（1） | |
| 成员支撑体系（C₄） | 员工的身体素质 | $C_{44}$ | 8 | 3 | 1 | 0 | 0 | 4.58 |
| | 人员劳动纪律 | $C_{45}$ | 1 | 1 | 3 | 7 | 0 | 2.67 |
| | 人员精神状态 | $C_{46}$ | 0 | 1 | 3 | 8 | 1 | 2.50 |
| | 群体年龄构成 | $C_{47}$ | 0 | 1 | 4 | 7 | 0 | 2.50 |
| | 人员责任心 | $C_{48}$ | 1 | 1 | 4 | 6 | 0 | 2.33 |

注：有下划线项即为选择的指标。

将表 7－1 中选出的 16 个安全特征指标提出来，得到安全平台支撑体系的微观结构模型，如图 7－5 所示。

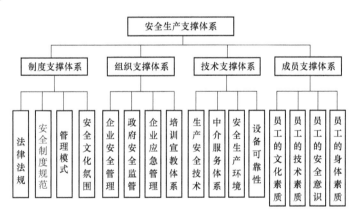

**图 7－5　安全平台支撑体系微观模型**

在企业安全支撑体系中成员支撑体系、技术支撑体系以及组织支撑体系三大体系是企业安全支撑体系的内部变量，是企业安全系统的支柱；制度支撑体系是系统的外部变量。

（1）成员支撑体系

成员支撑体系与安全系统理论和事故系统四要素理论中的"人"相对应。该系统主要集中于对企业从业人员的研究，由于人本身就是一个极其复杂的系统，而企业安全支撑体系的最终目的也正是在于避免事故发生，确保从业人员的生命安全，这决定了成员支撑系统在企业安全支撑体系中占据着至关重要的作用。

对于成员支撑系统，可以根据人的不同属性划分出不同的子系统。例如以不同员工的职位划分，可以将组织成员系统划分为高层管理者子系统、中层管理者子系统和普通员工子系统；而如果按照不同员工的工作性质又可以划分为管理者子系统、技术员子系统和操作人员子系统。需要指出的是，无论按照哪种属性来划分组织成员的子系统，组织成员系统都将以员工在页岩气开发生产中保障安全所应具备的一些能力如文化素质、技术素质、身体素质、安全意识等内在的通用属性为主要考量指标。

（2）技术支撑体系

技术系统与安全系统理论中的"机"和事故系统四要素理论中的"物"相对应。在安全系统和事故系统四要素理论中的"机"与"物"的含义相对比较单薄，主要指的是页岩气开发生产过程中所涉及的各种操作设备。而企业安全支撑体系的技术支撑体系含义却相对广泛，不仅包含操作设备，同时也包含页岩气开发生产过程中起到保障作用的技术要素。技术指的是保障设备安全运行和有效控制人的不安全行为所需要的技术，主要包括硬件技术和软件技术两大方面。硬件技术在克服"物的不安全状态"方面起到了重要作用，软件技术的发展则可以有效地避免"人的不安全行为"。因此，技术支撑体系是企业安全支撑体系的物质技术保障。

（3）组织支撑体系

组织支撑体系对应安全系统理论中提到的"环境"要素，应理解成内部环境和外部环境两个部分。企业内部的安全环境，是有效避免事故发生、推动安全发展的重要支柱，主要通过企业的安全管理实现控制事故、消除隐患，减少损失的目的，使得整个企业达到最佳的安全水平，为劳动者创造一个安全、舒适的工作环境。安全管理仅仅是一种手段，而其最终目的在于营造一个企业的安全环境。而外部环境则主要依靠政府的监管以及培训宣教，可以与事故系统四要素理论中的"管理"要素相对应。

（4）制度支撑体系

制度支撑体系对应安全系统理论中的"环境"要素（主要指外部环境要素）和事故系统四要素理论中的"环境"要素。制度支撑体系是企业安全支撑体系的重要外部变量，是推动企业安全支撑体系发展的重要因素。正是由于安全支撑体系的三大内部支柱（成员支撑体系系统、技术支撑体系系统、组织支撑体系系统）与外部制度环境间的不断交互，从外部环境主体中获取信息、摄取能量，不断地完善和发展自身，才使得安全支撑体系得以发展。安全支撑体系的制度支撑体系系统主要包含法律法规、管理模式、安全制度规范、技术标准、文化氛围等。

# 第八章

# 石油企业安全平台支撑体系评价模型

## （一）安全平台支撑体系宏观评价模型：综合物元评估方法

对于企业安全平台支撑体系评价，我们可以采取综合物元评估方法进行粗略的评估。物元是由名称、特征、量值构成的，因此，每个支撑体系可以看成分物元，利用物元方法可建立企业多指标参数的安全综合评估模型，以定量的数值表示评估结果，从而能完整地反映企业安全的实际综合水平，并且便于使用计算机进行规范化评定，其步骤如下。

### 1. 确定安全等级水平的物元集合

把企业安全等级根据实际情况分为好、较好、一般、较差、差五个等级。由以往的经验资料（数据库）或专家意见给出各等级的数据范围，再将待评单位的各项支撑体系指标代入各等级的集合中进行多指标评估。评估结果按其与各等级集合的关联度大小进行比较，关联度越大，它与某等级集合的符合程度就越好。

### 2. 确定经典域

$$R_{0j} = (M_{0j}, C_i, x_{0ji}) = \begin{bmatrix} M_{Oj} & c_1 & x_{0j1} \\ & c_2 & x_{0j2} \\ & \cdots & \cdots \\ & c_n & x_{0jn} \end{bmatrix} = \begin{bmatrix} M_{Oj} & c_1 & <a_{0j1}, b_{0j2}> \\ & c & <a_{0j2}, b_{0j2}> \\ & \cdots & \cdots \\ & c_n & <a_{0jn}, b_{0jn}> \end{bmatrix} \qquad (8-1)$$

式中：$M_{Oj}$——所划分的 $j$ 企业安全等级，$j=5$；

$C_i$——强弱等级 $N_{oj}$ 特征；

$x_{0ji}$——$N_{oi}$ 关于 $C_i$ 所规定的量值范围，即各质量等级关于对应特征所取的数据范围，即经典域。

3. 确定节域

$$R_p = (p, c, x_p) = \begin{bmatrix} p, & c_1 & x_{p1} \\ & c_2 & x_{p2} \\ & \cdots & \cdots \\ & c & x_{pn} \end{bmatrix} = \begin{bmatrix} p, & c_1 & <a_{p1}, b_{p1}> \\ & c & <a_{p2}, b_{p2}> \\ & \cdots & \cdots \\ & c_n & <a_{pn}, b_{pn}> \end{bmatrix} \quad (8-2)$$

式中：$P$——企业安全等级的全体；

$x_{pi}$——$P$ 关于 $c_i$ 所取的量值范围。

4. 确定待评物元

$$R_0 = \begin{bmatrix} p_0 & c_1 & x_1 \\ & c_2 & x_2 \\ & \cdots & \cdots \\ & c_n & x_n \end{bmatrix} \quad (8-3)$$

5. 确定待评对象关于各等级的关联度

$$K_j(x_i) = \frac{\rho(x_i, x_{0ji})}{\rho(x_i, x_{p0j}) - \rho(x_i, x_{0ji})} \quad (8-4)$$

对每个特征 $C_i$，取 $W_i$ 为权系数，令

$$K_j(p_0) = \sum_{i=1}^{n} w_i k_j(x_i) \quad (8-5)$$

称 $K_j(p_0)$ 为待评单位 $P_0$ 关于等级 $j$ 的关联度。

企业安全等级评定

若 $\qquad\qquad K_{j0} = \max K_j(p_0) \qquad j \in \{1, 2, \cdots, m\} \qquad (8-6)$

则评定企业 $P_0$ 的安全情况属于等级 $j_0$，若对一切 $j$，..表示 $P_0$ 的安全等级已不在所划分的各等级之内，应舍去。

6. 应用举例

设有某企业，专家对制度支撑体系打分结果是 88 分，组织支撑体 76 分，技术支撑体系为 81 分，成员支撑体系为 78 分。即

$$R_0 = \begin{bmatrix} \text{企业} & \text{制度支撑体系} & 88 \\ & \text{组织支撑体系} & 76 \\ & \text{技术支撑体系} & 81 \\ & \text{成员支撑体系} & 78 \end{bmatrix}$$

（1）确定各等级物元矩阵量值，建立各等级的经典域

采用德尔菲法，确定各等级的量值范围，可按好、较好、一般、较差、差五个等级依次进行。假设专家打分时给出一个区间，而不是具体的数值，这样可以充分考虑决策者的形象思维，使评估结果更趋合理。建立经典域如下：

$$R_{01} = \begin{bmatrix} 好 & 制度支撑体系 & <90,100> \\ & 组织支撑体系 & <90,100> \\ & 技术支撑体系 & <90,100> \\ & 成员支撑体系 & <90,100> \end{bmatrix}$$

$$R_{02} = \begin{bmatrix} 较好 & 制度支撑体系 & <80,90> \\ & 组织支撑体系 & <80,90> \\ & 技术支撑体系 & <80,90> \\ & 成员支撑体系 & <80,90> \end{bmatrix}$$

$$R_{03} = \begin{bmatrix} 一般 & 制度支撑体系 & <70,80> \\ & 组织支撑体系 & <70,80> \\ & 技术支撑体系 & <70,80> \\ & 成员支撑体系 & <70,80> \end{bmatrix}$$

$$R_{04} = \begin{bmatrix} 较差 & 制度支撑体系 & <60,70> \\ & 组织支撑体系 & <60,70> \\ & 技术支撑体系 & <60,70> \\ & 成员支撑体系 & <60,70> \end{bmatrix}$$

$$R_{05} = \begin{bmatrix} 差 & 制度支撑体系 & <0,60> \\ & 组织支撑体系 & <0,60> \\ & 技术支撑体系 & <0,60> \\ & 成员支撑体系 & <0,60> \end{bmatrix}$$

（2）采用德尔菲法确定企业安全支撑体系的节域物元矩阵量值

建立待评对象物元矩阵为

$$R_{p} = \begin{bmatrix} 企业安全支撑体系 & 制度支撑体系 & <80,100> \\ & 组织支撑体系 & <70,100> \\ & 技术支撑体系 & <75,100> \\ & 成员支撑体系 & <75,100> \end{bmatrix}$$

计算得到

$$K_1(x_1) = \frac{\rho(x_1, x_{011})}{\rho(x_1, x_{p1}) - \rho(x_1, x_{011})} = \frac{\rho[88, (90,100)]}{\rho[88, (80,100)] - \rho[88, (90,100)]} = \frac{2}{-10} = -0.2$$

$$K_1(x_2) = \frac{\rho(x_2, x_{012})}{\rho(x_2, x_{p2}) - \rho(x_2, x_{012})} = \frac{\rho[76, (90,100)]}{\rho[76, (70,100)] - \rho[76, (90,100)]} = \frac{14}{-20} = -0.7$$

$$K_1(x_3) = \frac{\rho(x_3, x_{013})}{\rho(x_3, x_{p3}) - \rho(x_3, x_{013})} = \frac{\rho[81, (90,100)]}{\rho[81, (75,100)] - \rho[81, (90,100)]} = \frac{9}{-15} = -0.6$$

$$K_1(x_4) = \frac{\rho(x_4, x_{014})}{\rho(x_4, x_{p4}) - \rho(x_4, x_{014})} = \frac{\rho[78, (90,100)]}{\rho[78, (75,100)] - \rho[78, (90,100)]} = \frac{2}{-5} = -0.4$$

同理可得

$$K_2(x_1)=-0.33, \quad K_2(x_2)=-0.4, \quad K_2(x_3)=-0.2, \quad K_2(x_4)=-0.4$$

$$K_3(x_1)=-0.5, \quad K_3(x_2)=2, \quad K_3(x_3)=-0.14, \quad K_3(x_4)=2$$

$$K_4(x_1)=-0.69, \quad K_4(x_2)=-0.5, \quad K_4(x_3)=-0.65, \quad K_4(x_4)=-0.73$$

$$K_5(x_1)=-0.78, \quad K_5(x_2)=-0.73, \quad K_5(x_3)=-0.78, \quad K_5(x_4)=-0.86$$

设根据指标体系的权重分别为

$W_1=0.187\,2$, $W_2=0.187\,3$, $W_3=0.418\,8$, $W_4=0.206\,7$，则

$$K_1(p_0)=0.187\,2\times(-0.2)+0.187\,3\times(-0.7)+0.418\,8\times(-0.6)+0.206\,7\times(-0.4)=-0.502\,51$$

$$K_2(p_0)=0.187\,2\times(-0.33)+0.187\,3\times(-0.4)+0.418\,8\times(-0.2)+0.206\,7\times(-0.4)=-0.303\,136$$

$$K_3(p_0)=0.187\,2\times(-0.5)+0.187\,3\times(2)+0.418\,8\times(-0.14)+0.206\,7\times(2)=0.635\,768$$

$$K_4(p_0)=0.187\,2\times(-0.69)+0.187\,3\times(-0.5)+0.418\,8\times(-0.65)+0.206\,7\times(-0.73)=-0.645\,929$$

$$K_4(p_0)=0.187\,2\times(-0.78)+0.187\,3\times(-0.73)+0.418\,8\times(-0.78)+0.206\,7\times(-0.86)=-0.787\,171$$

因为$K_3(p_0)=\mathrm{Max}K_i(p_0)$，所以该企业安全支撑体系综合评价等级为一般，需要加强投入进行安全支撑体系建设。

## （二）石油企业安全平台支撑体系微观评价模型：综合评价评估方法

### 1. 石油企业安全支撑体系综合评价指标体系

（1）指标选取原则

根据企业安全管理的特点、需要以及规律，提出以下指标选取的原则：① 立足现实：企业安全支撑体系综合评价要以现实需求为基础，不同的现实需求，其指标体系也应当不同；② 客观公正：能力指数计算是一项严肃的工作，必须做到客观公正；③ 科学准确：采用的计算手段与方法，做到科学准确；④ 综合评定：能力指数计算是一项系统工程，必须从多个角度进行评价；⑤ 系统检验：所建立的指标体系和计算方法，必须经过系统实证检验。

（2）指标评价体系

运用德尔菲法，邀请12位专家（取得高级职称的专业安全技术人员5名、院校资深教授4名、高级主管3名），对所列出的安全评价指标进行筛选，最后建立了企业安全支撑体系综合评价指标体系，如表8-1所示。

表8-1 企业安全支撑体系综合评价指标体系

| 一级指标 | 二级指标 |
| --- | --- |
| 制度支撑体系 | 法律法规 |
| | 安全制度规范 |
| | 管理模式 |
| | 安全文化氛围 |

| 一级指标 | 二级指标 |
|---|---|
| 组织支撑体系 | 企业安全管理 |
| | 政府安全监管 |
| | 企业应急管理 |
| | 培训宣教体系 |
| 技术支撑体系 | 生产安全技术 |
| | 中介服务体系 |
| | 安全生产环境 |
| | 设备可靠性 |
| 成员支撑体系 | 员工的文化素质 |
| | 员工的技术素质 |
| | 员工的安全意识 |
| | 员工的身体素质 |

**2. 指标权重以及分值处理**

权重的确定有一些方法，诸如经验法、集值统计法、FD 法、环比法、AHP 法、离差最大化法等，由于不同的方法各有优缺点，因此在使用时必须对权重的计算方法有所选择。一级指标可以根据 AHP 法确定，分别为 0.20，0.30，0.25，0.25。由于企业安全支撑体系二级指标多为定性指标，可以采用德尔菲法进行评价，但是德尔菲法也有一些不可避免的缺陷，如意见的可靠程度、科学依据缺乏、评价周期较长等，因此对于指标权重以及指标分数的确定，可以采取乐观系数法进行修正。

（1）乐观系数估分法

首先假定要评估的问题为 A，假设评估指标体系只有三个定性指标：B1、B2、B3。假定聘请 $n$ 位专家（$p_1$，$p_2$，$p_3$，…，$p_n$）对这些指标分别估分，根据各位专家对目标的了解程度以及经验的不同分别给各位专家的估分有效性赋予权重（$w_1, w_2, w_3 \cdots\cdots w_n$）。

假定现在各位专家给指标 B1 估分，取值范围为 0～100 分。专家估分必须满足两个要求即① 估分值不是一个点 $x_i$，而是一个区间[$x_i$　$\overline{x_i}$]；② 规定区间的长度 $l$，即 $l = \overline{x_i} - x_i$ 的值，假定为 6，则有效的估分形式为 84～90（简记为[84 90]）、71～77（简记为[71 77]）。

假设所有的专家对指标 B1 的估分情况如下 {[$x_1$　$\overline{x_1}$]、[$x_2$　$\overline{x_2}$]……[$x_n$　$\overline{x_n}$]}。

假设专家 P1 和专家 P2 的估分有重合部分为[$\partial 1$　$\partial 2$]，如果存在有多位专家（组成集合 $\overline{p}$）的估分区间重合在[$\partial$　$\overline{\partial}$]上，且满足①$\overline{\partial} - \partial \geq \beta$（$\beta$ 为本次评价规定的重合长度——称之为标长，$0 < \beta < l$）；②$\sum_{i=1}^{n} f(p_i) w_i > 0.5$，其中 $f(p_i) = \begin{cases} 0 & p_i \in \overline{p} \\ 1 & p_i \notin \overline{p} \end{cases}$，则认为此次估分情况是收敛的、有效的；否则，则认为此次估分情况是分散的，无效的。出现这种情况主要是由于专

家对评估目标的指标 B1 了解不够，需要相应部门继续提供相关资料供专家了解情况，并再次估分，直到满足要求的条件。

假设专家估分满足上述条件。现在只取集合 $\overline{p}$ 中的专家的估分，并设集合 $\overline{p}$ 中共有 $n$ 位专家 $\overline{p}_1$、$\overline{p}_2$，$\cdots$，$\overline{p}_n$，并给这 $n$ 位专家重新赋权重 $\overline{w}_i = \dfrac{w_j}{\sum\limits_{k=1}^{n} f(p_k)w_k}$，式中 $i$、$j$ 满足 $p_j = \overline{p}_i$。

计算各位专家的乐观系数为

$$\overline{a}_i = \frac{\overline{x}_i - \overline{\partial}_i}{(\overline{x}_i - \overline{\partial}) + (\partial - x_i)} \qquad (8-7)$$

最后计算指标值：

$$z = \sum_{i=1}^{n} \overline{w}_i \left[ (x_i - \overline{a}_i) + \overline{x}_i(1 - \overline{a}_i) \right] \qquad (8-8)$$

（2）应用实例

根据上述原理，我们对某一企业安全支撑体系指标体系中的一项指标——安全文化氛围指标进行评估。

共有 6 位专家对该项指标进行打分，各专家权重集为{1/6, 1/6, 1/6, 2/6, 0.5/6, 0.5/6}，设定评分区间的长度 $l$ 为 10，标长 $\beta$ 为 4。

各位专家的打分结果分别为：[75 85]，[76 86]，[78 88]，[79 89]，[90 100]，[74 84]。

观察发现其中 5 位专家估分即 [75 85]，[76 86]，[78 88]，[79 89]，[74 84]有重合部分为 [79 84] 即 $\partial = 79$，$\overline{\partial} = 84$。

满足：

$$\sum_{i=1}^{n} f(p_i)w_i > 0.5$$

重新分配权重为：{1/5.5, 1/5.5, 1/5.5, 2/5.5, 0.5/5.5}

由式（8-7）得各专家的乐观系数分别为

$$\overline{\alpha}_1 = 1/5, \quad \overline{\alpha}_2 = 2/5, \quad \overline{\alpha}_3 = 4/5, \quad \overline{\alpha}_4 = 1, \quad \overline{\alpha}_5 = 0$$

由式（8-8）得

$$z = \sum_{i=1}^{n} \overline{w}_i \left[ (x_i - \overline{a}_i) + \overline{x}_i(1 - \overline{a}_i) \right] = 15.1 + 14.91 + 14.47 + 28.7 + 7.64 \approx 81 \text{ 分}$$

同理，对其他定性指标也可以采取这种方法进行评估。最终得出整个系统的得分，从企业反馈回来的信息看，该方法的结果与反馈信息一致。由此证明，该方法所得到的评估结果与实际应用情况基本相等，乐观系数估分法对于企业安全支撑体系指标体系评估中定性指标得分的准确获取，具有较好的实际意义。

**3. 石油企业安全支撑体系综合评价模型**

二级指标的分数值可以采取乐观系数的方法获取，那么我们构造企业安全支撑体系综合评价模型为

$$AI = \sum_{i=1}^{n} W_i \cdot \frac{\sum_{j}^{m_i} f_{ji}}{4} \qquad (8-9)$$

式中：$AI$ ——企业安全支撑体系综合评价指数；

$W_i$ ——第 $i$ 个一级指标的权重；

$n$ ——一级指标个数；

$m_i$ ——第 $i$ 个一级指标下二级指标的个数；

$f_{ji}$ ——第 $i$ 个一级指标下第 $j$ 个二级指标的判分（已经经过乐观系数法处理）。

评分等级分为优秀、良好、中等、差、极差 5 个等级，其数值区间分别为优秀[100，90），良好[90，80），中等[80，70），差[70，60），极差[60，0）。

4. 应用举例

根据我们确定的评价模型，对某企业安全状况进行评价，专家分别进行打分，经过乐观系数法处理后，指标的分值如表 8-2 所示。

表 8-2 专家评分计算表

| 一级指标权重 $W_i$ | 二级指标分值 $f_{ji}$ | | | | $W_i \cdot \dfrac{\sum_{j}^{m_i} f_{ji}}{4}$ |
|:---:|:---:|:---:|:---:|:---:|:---:|
| 0.20 | 90 | 85 | 85 | 86 | 17.30 |
| 0.30 | 70 | 65 | 70 | 77 | 21.15 |
| 0.25 | 70 | 73 | 74 | 70 | 17.98 |
| 0.25 | 60 | 62 | 66 | 68 | 16.00 |
| $AI$ | | | | | 72.43 |

该石油企业最终等级评定为中等。

## （三）石油企业安全平台支撑体系关键因子筛选：灰色关联评估方法

1. 灰色关联评估法

灰色系统理论由邓聚龙于 1984 年提出，它是一种解决系统中包含不完全与不确定信息的多准则理论，该理论现已广泛并成功地应用于各领域。

灰色关联评估法是一种基于灰色关联度理论对影响事物的多种灰色因素进行综合评价的方法。基本思想是根据序列曲线几何形状的相似程度来判断其联系是否紧密。曲线越接近，相应序列之间的灰关联度就越大，反之就越小。灰关联的分析方法就是通过计算系统特征变量数据序列与相关因素变量数据序列之间的灰关联度，建立起灰关联矩阵，利用优势分析原则，得出各影响因素的顺序，最终确定出主要影响因素，其具体分析过程如下。

（1）建立因子空间

设原始序列 $\mu_i = (\mu_i(1), \mu_i(2), \cdots, \mu_i(n))$ 为参考系列；$\omega_j = (\omega_j(1), \omega_j(2), \cdots, \omega_j(n))$ 为比较系

列。对这两个序列进行无单位处理，可以建立因子空间。这里我们对数据采取均值化处理，即通过均值化算子 $D_\mu = \frac{1}{n}\sum\limits_{k=1}^{n}\mu(k)$ 和 $D_\omega = \frac{1}{n}\sum\limits_{k=1}^{n}\omega(k)$ 的作用求得各变量数据序列的均值相，则因子空间为

$$Y\bigcup X = \left\{ y_i, x_j \middle| \begin{array}{l} i\in I = \{1,2,3,\cdots m\} \\ j\in J = \{1,2,3,\cdots s\} \end{array} \right\} \tag{8-10}$$

这里

$$y_i = \left(\frac{\mu_i(1)}{D_\mu}, \frac{\mu_i(2)}{D_\mu}, \cdots, \frac{\mu_i(n)}{D_\mu}\right) = (y_i(1), y_i(2), \cdots, y_i(n))$$

$$x_j = \left(\frac{\omega_j(1)}{D_\omega}, \frac{\omega_j(2)}{D_\omega}, \cdots, \frac{\omega_j(n)}{D_\omega}\right) = (x_j(1), x_j(2), \cdots, x_j(n))$$

（2）计算灰关联系数 $\gamma(y_i(k), x_j(k))$ 和灰关联度 $\gamma(y_i, x_j)$

灰关联系数 $\gamma(y_i(k), x_j(k))$ 是指比较序列对参考序列在 $k$ 点的关联水平。灰关联系数的计算公式为

$$\gamma(y_i(k), x_j(k)) = \frac{\min\limits_i \min\limits_j \min\limits_k |y_i(k)-x_j(k)| + \xi \max\limits_i \max\limits_j \max\limits_k |y_i(k)-x_j(k)|}{|y_i(k)-x_j(k)| + \xi \max\limits_i \max\limits_j \max\limits_k |y_i(k)-x_j(k)|} \tag{8-11}$$

灰关联度的计算公式如下：

$$\gamma(y_i, x_j) = \frac{1}{n}\sum\limits_{k=1}^{n}\gamma(y_i(k)\bullet x_j(k)) \tag{8-12}$$

式中，$k=1$，2，$\cdots$，$n$；

$\xi$——分辨系数，一般取 0.5。

（3）建立灰关联矩阵，进行优势分析

利用式（8-12）得到灰色绝对关联矩阵为

$$\gamma = \begin{bmatrix} \gamma(y_1,x_1) & \gamma(y_1,x_2) & \cdots & \gamma(y_1,x_s) \\ \gamma(y_2,x_1) & \gamma(y_2,x_2) & \cdots & \gamma(y_2,x_s) \\ \vdots & \vdots & & \vdots \\ \gamma(y_m,x_1) & \gamma(y_m,x_2) & \cdots & \gamma(y_m,x_s) \end{bmatrix} \tag{8-13}$$

当 $j\in J = (1,2,3,\cdots,s)$，满足 $\gamma(y_i,x_1) > \gamma(y_i,x_j)$，其中 $i\in I = (1,2,3,\cdots,m)$，则认为对系统特征变量 $y_i$ 来说，因素 $x_1$ 优于因素 $x_j$。若对任意的 $j\in J = (1,2,3,\cdots,s)$ 都有 $x_1$ 优于 $x_j$，则 $x_1$ 为最优因素。若不存在最优因素，必然存在 $j\in J = (1,2,3,\cdots,s)$ 满足 $\sum\limits_{i=1}^{m}\gamma(y_i,x_1) \geqslant \sum\limits_{i=1}^{m}\gamma(y_i,x_j)$，那么，因素 $x_1$ 准优于因素 $x_j$。若对任意的 $j\in J = (1,2,3,\cdots,s)$，$x_1$ 均准优于因素，则称 $x_1$ 为准优因素。这里我们把最优因素和准优因素统称为优势因素。

可见，灰色关联因子评估法可以应用在指标筛选方面，同时实践证明，其具有明显优势。

**2. 关键安全特征因子筛选**

首先我们仍然用德尔菲法对 16 个指标进行初步筛选。随后剔除制度支撑体系一级指标

下的安全文化氛围二级指标、组织支撑体系一级指标下的企业应急管理二级指标、技术支撑体系一级指标下的中介服务体系二级指标、成员支撑体系一级指标下的员工的文化素质二级指标，得到12个指标，如表8-3所示。

表8-3　初步筛选的12个指标

| 成员支撑体系 | 组织支撑体系 | 技术支撑体系 | 制度支撑体系 |
|---|---|---|---|
| 员工的技术素质 $\omega_1$ | 企业安全管理 $\omega_4$ | 设备可靠性 $\omega_7$ | 管理模式 $\omega_{10}$ |
| 员工的安全意识 $\omega_2$ | 培训宣教体系 $\omega_5$ | 生产安全技术 $\omega_8$ | 安全制度规范 $\omega_{11}$ |
| 员工的身体素质 $\omega_3$ | 政府安全监管 $\omega_6$ | 安全生产环境 $\omega_9$ | 法律法规 $\omega_{12}$ |

上述初选的12个安全特征指标，仍然不是最终的结果，只有那些与实际结果（安全绩效）密切相关的指标才是最终选择的指标。根据这一思路，选择灰关联法进行研究。通过计算系统特征变量数据序列（安全绩效）与相关因素变量数据序列（安全特征初选指标）之间的灰关联度，建立灰关联矩阵，利用优势分析原则，得出各影响因素的顺序，最终确定出主要影响因素，即最终的安全特征指标，称之为关键安全特征因子。对此运用实证的方法进行分析。

本书对8家企业（此处隐去单位真实名称）在2010年10月用12项安全特征指标进行打分评价。它们各项指标的得分值（$\omega_i$）以及其后2010年度安全绩效考核平均值（$\mu_1$）如表8-4所示。

表8-4　8家企业的指标得分值以及实际安全绩效考核平均值

| 生产企业 | 安全特征指标 | | | | | | | | | | | | 安全绩效 |
|---|---|---|---|---|---|---|---|---|---|---|---|---|---|
| | $\omega_2$ | $\omega_3$ | $\omega_4$ | $\omega_5$ | $\omega_6$ | $\omega_6$ | $\omega_7$ | $\omega_8$ | $\omega_9$ | $\omega_{10}$ | $\omega_{11}$ | $\omega_{12}$ | $\mu_1$ |
| 1 | 90 | 80 | 90 | 80 | 80 | 90 | 75 | 80 | 80 | 80 | 90 | 0 | 76 |
| 2 | 80 | 80 | 80 | 80 | 80 | 60 | 80 | 80 | 80 | 80 | 75 | 70 | 59 |
| 3 | 80 | 80 | 50 | 70 | 80 | 85 | 40 | 60 | 70 | 75 | 75 | 80 | 76 |
| 4 | 85 | 70 | 50 | 80 | 85 | 80 | 50 | 60 | 85 | 80 | 70 | 0 | 77 |
| 5 | 86 | 76 | 50 | 80 | 90 | 80 | 50 | 70 | 85 | 80 | 80 | 0 | 76 |
| 6 | 80 | 80 | 50 | 50 | 70 | 70 | 40 | 65 | 70 | 55 | 80 | 70 | 89 |
| 7 | 70 | 90 | 80 | 80 | 80 | 80 | 70 | 80 | 80 | 80 | 70 | 75 | 90 |
| 8 | 60 | 60 | 60 | 50 | 70 | 60 | 60 | 60 | 50 | 50 | 70 | 0 | 65 |

把 $\mu_1$ 作为参考序列，而 $\omega_i$（$1=1$，2，…，12）作为比较序列。具体分析过程如下所示。

（1）建立因子空间

$$y_i = \begin{bmatrix} 1.000 \\ 0.776 \\ 1.000 \\ 1.013 \\ 1.000 \\ 1.171 \\ 1.184 \\ 0.855 \end{bmatrix}$$

$$x_j = \begin{bmatrix} 1.141 & 1.039 & 1.412 & 1.123 & 1.008 & 1.190 & 1.290 & 1.153 & 1.067 & 1.103 & 1.180 & 0.000 \\ 1.014 & 1.039 & 1.255 & 1.123 & 1.008 & 0.793 & 1.376 & 1.153 & 1.067 & 1.103 & 0.984 & 1.898 \\ 1.014 & 1.039 & 0.784 & 0.982 & 1.008 & 1.124 & 0.688 & 0.865 & 0.933 & 1.034 & 0.984 & 2.169 \\ 1.078 & 0.909 & 0.784 & 1.123 & 1.071 & 1.058 & 0.860 & 0.865 & 1.133 & 1.103 & 0.918 & 0.000 \\ 1.090 & 0.987 & 0.784 & 1.123 & 1.134 & 1.058 & 0.860 & 1.009 & 1.133 & 1.103 & 1.049 & 0.000 \\ 1.014 & 1.039 & 0.784 & 0.702 & 0.882 & 0.926 & 0.688 & 0.937 & 0.933 & 0.759 & 1.049 & 1.898 \\ 0.887 & 1.169 & 1.255 & 1.123 & 1.008 & 1.058 & 1.204 & 1.153 & 1.067 & 1.103 & 0.918 & 2.034 \\ 0.761 & 0.779 & 0.941 & 0.702 & 0.882 & 0.793 & 1.032 & 0.865 & 0.667 & 0.690 & 0.918 & 0.000 \end{bmatrix}$$

（2）根据式（8-11）、式（8-12）计算

$$\gamma(y_i(k), x_j(k)) = \frac{\min\limits_i \min\limits_j \min\limits_k |y_i(k) - x_j(k)| + \xi \max\limits_i \max\limits_j \max\limits_k |y_i(k) - x_j(k)|}{|y_i(k) - x_j(k)| + \xi \max\limits_i \max\limits_j \max\limits_k |y_i(k) - x_j(k)|}$$

$$\gamma(y_i, x_j) = \frac{1}{n} \sum_{k=1}^{n} \gamma(y_i(k) \cdot x_j(k))$$

可得灰色关联矩阵

$$\boldsymbol{\gamma} = \begin{bmatrix} 0.833 & 0.895 & 0.720 & 0.804 & 0.862 & 0.864 & 0.721 & 0.842 & 0.812 & 0.810 & 0.846 & 0.385 \end{bmatrix}$$

为便于理解，将灰色关联矩阵采用表形式表达，如表8-5所示。

表8-5　灰色关联矩阵

| $\gamma_{1j}$ | $\gamma_{11}$ | $\gamma_{12}$ | $\gamma_{13}$ | $\gamma_{14}$ | $\gamma_{15}$ | $\gamma_{16}$ | $\gamma_{17}$ | $\gamma_{18}$ | $\gamma_{19}$ | $\gamma_{110}$ | $\gamma_{111}$ | $\gamma_{112}$ |
|---|---|---|---|---|---|---|---|---|---|---|---|---|
| 安全绩效 | 0.833 | 0.895 | 0.720 | 0.804 | 0.862 | 0.864 | 0.721 | 0.842 | 0.812 | 0.810 | 0.846 | 0.385 |
| 排序 | 6 | 1 | 11 | 9 | 3 | 2 | 10 | 5 | 7 | 8 | 4 | 12 |

由灰色关联矩阵可以看出，因素变量中员工的安全意识、政府安全监管、培训宣教体系、安全制度规范、生产安全技术、员工的技术素质、安全生产环境、管理模式、企业安全管理对于安全绩效的影响具有明显相关性，它们分别排在1～9位，影响因子都在0.8以上。所以最终确定这9个指标为关键安全特征指标，分别按次序重新标注为$\omega_1^* \sim \omega_9^*$。筛选结果也

印证了企业安全支撑体系要均衡发展，但是由于贡献度不一样也不能吃大锅饭的理念。也可依此设计出简化的企业安全生产平台支撑体系评价模型。

**3. 关键安全特征因子评价数学模型**

（1）评价模式与数学模型

对于指标的评价主要采取专家打分的方法采集，分值选择上有 5 分制、10 分制和 100 分制，本书采用 100 分制。为了减少打分的主观性，在评价专家选择方面也有严格的要求。从数量上讲，5～7 人比较符合基层的实际，当然如果条件允许，专家数量也可以适当多一些。从专家素质要求上讲，所选专家必须相对公正、客观，且是厂矿安全领域的专家。专家在打分时可以采取"背靠背"或者"面对面"的方式进行。

获得数据以后，必须对这些数据进行处理才能得到科学的评价结果。评价数学模型的选择对结果具有直接影响，主要模型有加权评分模型、一票赞成制模型、一票否决制模型。本书采用加权评分模型。专家分别对 9 个关键安全特征指标进行打分，然后加权计算。

根据筛选的安全特征指标体系，构造通用安全评价模型为

$$\bar{s} = \frac{1}{n} \sum_{i=1}^{n} \sum_{j=1}^{s} W_j x_{ij} \qquad (8-14)$$

式中：$\bar{s}$ ——平均加权评分和；

$n$ ——专家数；

$W_j$ ——第 $j$ 个安全特征的权重；

$x_{ij}$ ——第 $i$ 个专家对第 $j$ 个特征的评分值；

$s$ ——关键安全特征指标数。

评分等级分为高度安全、非常安全、安全、值得关注、危险、非常危险、极度危险 7 个等级，其数值区间分别为高度安全[90，100]，非常安全[80，90)，安全[70，80)，值得关注[60，70)，危险[50，60)，非常危险[40，50)，极度危险[0，40)。

（2）确定指标权重

由于选择的数学模型是加权评分模型，所以必须确定关键胜任特征指标的权重，方法是 9 个指标的灰关联度值分别除以它们灰关联度值的和，得到此指标的相对重要性，即为此指标的权重，用公式表达即为

$$W_j = \frac{\omega_i^*}{\sum_{i=1}^{9} \omega_i^*} \qquad (8-15)$$

通过计算，各安全特征指标权重值如表 8-6 所示。

表 8-6 关键安全特征指标权重分配

| 关键安全特征 | 员工的安全意识 $\omega_1^*$ | 政府安全监管 $\omega_2^*$ | 培训宣教体系 $\omega_3^*$ | 安全制度规范 $\omega_4^*$ | 生产安全技术 $\omega_5^*$ | 员工的技术素质 $\omega_6^*$ | 安全生产环境 $\omega_7^*$ | 管理模式 $\omega_8^*$ | 企业安全管理 $\omega_9^*$ |
|---|---|---|---|---|---|---|---|---|---|
| 权重 | 0.118 3 | 0.114 2 | 0.113 9 | 0.111 8 | 0.111 2 | 0.110 1 | 0.107 3 | 0.107 0 | 0.106 2 |

4. 应用举例

根据确定的企业安全评价模型，2011年1月对重庆10家石油生产企业进行评价，共有6位专家（分别用 $Z_1$，$Z_2$，…，$Z_6$ 表示）进行打分，则依据式（8-14）得到计算模型为

$$\overline{s} = \frac{1}{6} \sum_{i=1}^{6} \sum_{j=1}^{9} W_j x_{ij} \qquad (8-16)$$

其中某油气生产企业的专家打分统计计算情况如表8-7所示。

表8-7 专家打分统计（某油气生产企业）

| 特征序号 | 权重（$W_j$） | 专家评分（$x_{ij}$） | | | | | |
|---|---|---|---|---|---|---|---|
| | | $Z_1$ | $Z_2$ | $Z_3$ | $Z_4$ | $Z_5$ | $Z_6$ |
| $\omega_1^*$ | 0.118 3 | 86 | 90 | 85 | 85 | 85 | 80 |
| $\omega_2^*$ | 0.114 2 | 77 | 75 | 65 | 70 | 75 | 76 |
| $\omega_3^*$ | 0.113 9 | 70 | 70 | 73 | 74 | 75 | 77 |
| $\omega_4^*$ | 0.111 8 | 66 | 75 | 66 | 64 | 68 | 69 |
| $\omega_5^*$ | 0.111 2 | 63 | 65 | 66 | 68 | 69 | 69 |
| $\omega_6^*$ | 0.110 1 | 70 | 80 | 75 | 70 | 78 | 75 |
| $\omega_7^*$ | 0.107 3 | 80 | 80 | 80 | 85 | 86 | 85 |
| $\omega_8^*$ | 0.107 0 | 70 | 70 | 76 | 75 | 65 | 70 |
| $\omega_9^*$ | 0.106 2 | 70 | 80 | 76 | 78 | 75 | 70 |
| $\sum_{j=1}^{s} W_j x_{ij}$ | | 72.539 6 | 76.176 0 | 73.555 9 | 74.331 0 | 75.173 8 | 74.602 5 |
| $\overline{s}$ | | 74.396 5 | | | | | |

其最终分数约为74分，等级评定为安全，同理可以对其他生产企业进行评价。经过实际验证，这些安全特征指标能够比较好地评价企业安全绩效，同时具有很好的实际操作性。

# 附　　录

## 附录（一）　调查问卷

尊敬的居民朋友：

您好！感谢您在百忙之中抽出时间参与我们的调查。这项研究是重庆某某学院的一项科研项目，旨在调查涪陵页岩气开采对周围居民环境的影响。您只需按实际情况填写即可，真诚感谢您的参与。本调查问卷只做学术研究使用，并以匿名形式进行，我们对您所提供的相关信息将严格保密，请您放心填写。

填写者基本信息：（在下面□里打√）

性别：□男□女　　年龄：_____岁　　　婚姻状况：□未婚□已婚□离异□丧偶

文化程度：□小学及以下□初中□高中/中专□大专□本科□硕士□博士及以上

职业：□学生□个体户□农户□公务员□企业职工□公司职员□事业单位

　　　□自由职业者□下岗或待业□离退休□其他_____

1．家庭人均月收入□1 000 元以下□1 001～3 000 元□3 001～5 000 元□5 000 元以上

2．您对页岩气了解吗？（　　　）

　　A．没听说过　　　　　　　　　　B．听说过但不太了解

　　C．了解一点　　　　　　　　　　D．完全了解

3．您居住的地方离页岩气田有多远？（　　　）

　　A．0～500 米　　B．500～1 000 米　　C．1 000～3 000 米　　D．3 000 米以上

4．您对您所在地的环境质量现状感觉：（　　　）

　　A．满意　　　　　B．基本满意　　　　C．不满意

5．您认为页岩气开采所在地的主要环境问题及来源是：（　　　）

　　A．大气污染　　　　　　　　　　B．地表水污染

　　C．地下水污染　　　　　　　　　D．噪声

　　E．生态破坏　　　　　　　　　　F．耕地问题　　　　　G．其他_____

6．您感觉您居住的空气质量如何？（　　　）

　　A．很好　　　　　B．一般　　　　　C．不太好　　　　　D．很差

7．您家里的生活用水来源是：（　　　）

　　A．井水　　　　　B．自来水　　　　C．地表水　　　　　D．其他_____

8．您觉得生活用水（饮用水）的水质（味道、清澈度）如何？（　　　）

　　A．很好　　　　　B．一般　　　　　C．不太好　　　　　D．很差

9. 您对气田开采中产生的噪声的评价是：（　　　）

    A．无法忍受　　　B．有时无法忍受　　　C．一般　　　　　　　D．无所谓

10. 您怎么看待开采气田的人工地震？（　　　）

    A．恐惧心理，担心引发真的地震　　　B．一般，但比较担心会污染地下水

    C．无感，感觉没什么　　　　　　　　D．放心，不会对环境造成破坏

11. 开采气田有没有污染耕作的土地？（如果选 A，请跳过 12 题）（　　　）

    A．无污染　　　B．轻微污染　　　C．重度污染　　　　　D．不知道

12. 如果有污染，您的农作物减产多少？（　　　）

    A．1%～5%　　　B．5%～10%　　　C．10%～20%　　　　D．20%以上

13. 您对以上问题采取什么措施？（　　　）

    A．无所谓　　　　　　　　　　B．集体找气田解决

    C．集体找政府解决　　　　　　D．其他_____

14. 对于目前的状况你的态度是：（　　　）

    A．难以忍受　　　　　　　　　B．可以忍受　　　　C．无所谓

15. 您认为该项目的建设对本地整个区域范围内环境（可能）的影响是：（　　　）

    A．空气质量　　　　　　　　　B．水质情况

    C．噪声干扰　　　　　　　　　D．农作物减产　　　E．耕地减少

    F．生态破坏　　　　　　　　　G．其他_____　（可多选）

16. 您认为该项目的建设对本地区社会经济（可能）的影响是：（　　　）

    A．促进经济发展　　　　　　　　　　　　　　　　B．就业增加

    C．个人收入增加　　　　　　　　　　　　　　　　D．其他_____

17. 您对该项目建设中最关注的问题是：（　　　）

    A．环境保护　　　　　　　　　B．就业机会

    C．收入增加　　　　　　　　　D．其他_____

18. 气田等相关单位是否做好相应的措施治理这些问题？（　　　）

    A．没有　　　　　　　　　　　B．只做表面工作，不采取有效措施

    C．采取有效措施　　　　　　　D．其他_____

19. 您对其采取的措施满意度如何？（　　　）

    A．不满意　　　B．基本满意　　　C．满意　　　　　　　D．很满意

20. 你对环保工作的看法是：（　　　）

    A．持支持态度　　　　　　　　B．完全没有必要

    C．无所谓　　　　　　　　　　D．其他_____

21. 你对未来环保质量的期望是：（　　　）

    A．无所谓，维持原状　　　　　B．希望能解决污染的根本问题

    C．要治理，改善现状就好

22. 你对环保的实际感受是：（　　　）

    A．很满意　　　B．　基本满意　　　C．不满意

# 附录（二）　调研数据分析

**统计量**

您对您所在地的环境质量现状感觉：

| 数量 | 有效 | 174 |
|---|---|---|
| | 缺失 | 0 |

您对您所在地的环境质量现状感觉：

| 样本 | 选项 | 频率 | 百分比 | 有效百分比 |
|---|---|---|---|---|
| 有效 | 满意 | 40 | 23.0 | 23.0 |
| | 基本满意 | 92 | 52.9 | 52.9 |
| | 不满意 | 42 | 24.1 | 24.1 |
| | 合计 | 174 | 100.0 | 100.0 |

**统计量**

您对页岩气了解吗？

| 数量 | 有效 | 174 |
|---|---|---|
| | 缺失 | 0 |

您对页岩气了解吗？

| 样本 | 选项 | 频率 | 百分比 | 有效百分比 |
|---|---|---|---|---|
| 有效 | 没听说过 | 6 | 3.4 | 3.4 |
| | 听说过但不太了解 | 62 | 35.6 | 35.6 |
| | 了解一点 | 96 | 55.2 | 55.2 |
| | 完全了解 | 10 | 5.7 | 5.7 |
| | 合计 | 174 | 100.0 | 100.0 |

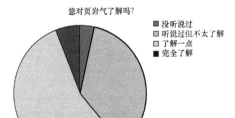

您对页岩气了解吗？
- 没听说过
- 听说过但不太了解
- 了解一点
- 完全了解

**相关性**

| | Pearson 相关性 | 1 | −.120 |
|---|---|---|---|
| 您对页岩气了解吗 | 显著性（双侧） | | .267 |
| | N | 174 | 174 |
| | Pearson 相关性 | −.120 | 1 |
| 对您所在地的环境质量现状感觉 | 显著性（双侧） | .267 | — |
| | N | 174 | 174 |

**统计量**

| 样本 | 您认为该项目的建设对本地整个区域范围内环境（可能）的影响是：（空气质量） | 您认为该项目的建设对本地整个区域范围内环境（可能）的影响是：（水质情况） | 您认为该项目的建设对本地整个区域范围内环境（可能）的影响是：（噪声干扰） | 您认为该项目的建设对本地整个区域范围内环境（可能）的影响是：（农作物减产） | 您认为该项目的建设对本地整个区域范围内环境（可能）的影响是：（耕地减少） | 您认为该项目的建设对本地整个区域范围内环境（可能）的影响是：（生态破坏） | 您认为该项目的建设对本地整个区域范围内环境（可能）的影响是：（其他） |
|---|---|---|---|---|---|---|---|
| 有效 | 174 | 174 | 174 | 174 | 174 | 174 | 174 |
| 缺失 | 0 | 0 | 0 | 0 | 0 | 0 | 0 |

您认为该项目的建设对本地整个区域范围内环境（可能）的影响是：（空气质量）

| 样本 | 选项 | 频率 | 百分比 | 有效百分比 |
|---|---|---|---|---|
| | 未选中 | 118 | 67.8 | 67.8 |
| 有效 | 选中 | 56 | 32.2 | 32.2 |
| | 合计 | 174 | 100.0 | 100.0 |

您认为该项目的建设对本地整个区域范围内环境（可能）的影响是：（水质情况）

| 样本 | 选项 | 频率 | 百分比 | 有效百分比 |
|---|---|---|---|---|
| | 未选中 | 72 | 41.4 | 41.4 |
| 有效 | 选中 | 102 | 58.6 | 58.6 |
| | 合计 | 174 | 100.0 | 100.0 |

您认为该项目的建设对本地整个区域范围内环境（可能）的影响是：（噪声干扰）

| 样本 | 选项 | 频率 | 百分比 | 有效百分比 |
|------|------|------|--------|------------|
| | 未选中 | 106 | 60.9 | 60.9 |
| 有效 | 选中 | 68 | 39.1 | 39.1 |
| | 合计 | 174 | 100.0 | 100.0 |

您认为该项目的建设对本地整个区域范围内环境（可能）的影响是：（农作物减产）

| 样本 | 选项 | 频率 | 百分比 | 有效百分比 |
|------|------|------|--------|------------|
| | 未选中 | 112 | 64.4 | 64.4 |
| 有效 | 选中 | 62 | 35.6 | 35.6 |
| | 合计 | 174 | 100.0 | 100.0 |

您认为该项目的建设对本地整个区域范围内环境（可能）的影响是：（耕地减少）

| 样本 | 选项 | 频率 | 百分比 | 有效百分比 |
|------|------|------|--------|------------|
| | 未选中 | 108 | 62.1 | 62.1 |
| 有效 | 选中 | 66 | 37.9 | 37.9 |
| | 合计 | 174 | 100.0 | 100.0 |

您认为该项目的建设对本地整个区域范围内环境（可能）的影响是：（生态破坏）

| 样本 | 选项 | 频率 | 百分比 | 有效百分比 |
|------|------|------|--------|------------|
| | 未选中 | 124 | 71.3 | 71.3 |
| 有效 | 选中 | 50 | 28.7 | 28.7 |
| | 合计 | 174 | 100.0 | 100.0 |

您认为该项目的建设对本地整个区域范围内环境（可能）的影响是：（其他）

| 样本 | 选项 | 频率 | 百分比 | 有效百分比 |
|------|------|------|--------|------------|
| | 未选中 | 172 | 98.9 | 98.9 |
| 有效 | 选中 | 2 | 1.1 | 1.1 |
| | 合计 | 174 | 100.0 | 100.0 |

**统计量**

| 样本 | 您认为该项目的建设对本地区社会经济（可能）的影响是：（促进经济发展） | 您认为该项目的建设对本地区社会经济（可能）的影响是：（就业增加） | 您认为该项目的建设对本地区社会经济（可能）的影响是：（个人收入增加） | 您认为该项目的建设对本地区社会经济（可能）的影响是：（其他） |
|---|---|---|---|---|
| 有效 | 174 | 174 | 174 | 174 |
| 缺失 | 0 | 0 | 0 | 0 |

您认为该项目的建设对本地区社会经济（可能）的影响是：（促进经济发展）

| 样本 | 选项 | 频率 | 百分比 | 有效百分比 |
|---|---|---|---|---|
| 有效 | 未选中 | 68 | 39.1 | 39.1 |
| | 选中 | 106 | 60.9 | 60.9 |
| | 合计 | 174 | 100.0 | 100.0 |

您认为该项目的建设对本地区社会经济（可能）的影响是：（就业增加）

| 样本 | 选项 | 频率 | 百分比 | 有效百分比 |
|---|---|---|---|---|
| 有效 | 未选中 | 132 | 75.9 | 75.9 |
| | 选中 | 42 | 24.1 | 24.1 |
| | 合计 | 174 | 100.0 | 100.0 |

您认为该项目的建设对本地区社会经济（可能）的影响是：（个人收入增加）

| 样本 | 选项 | 频率 | 百分比 | 有效百分比 |
|---|---|---|---|---|
| 有效 | 未选中 | 148 | 85.1 | 85.1 |
| | 选中 | 26 | 14.9 | 14.9 |
| | 合计 | 174 | 100.0 | 100.0 |

您认为该项目的建设对本地区社会经济（可能）的影响是：（其他）

| 样本 | 选项 | 频率 | 百分比 | 有效百分比 |
|---|---|---|---|---|
| 有效 | 未选中 | 146 | 83.9 | 83.9 |
| | 选中 | 28 | 16.1 | 16.1 |
| | 合计 | 174 | 100.0 | 100.0 |

**描述统计量**

| 选项 | 数量 | 极小值 | 极大值 | 均值 | 标准差 |
|---|---|---|---|---|---|
| 您对该项目建设中最关注的问题是：（环境保护） | 174 | 0 | 1 | .57 | .497 |
| 您对该项目建设中最关注的问题是：（就业机会） | 174 | 0 | 1 | .15 | .359 |
| 您对该项目建设中最关注的问题是：（收入增加） | 174 | 0 | 1 | .32 | .470 |
| 您对该项目建设中最关注的问题是：（其他） | 174 | 0 | 1 | .06 | .234 |
| 有效数量（列表状态） | 174 | | | | |

**统计量**

| 样本 | 您对该项目建设中最关注的问题是：（环境保护） | 您对该项目建设中最关注的问题是：（就业机会） | 您对该项目建设中最关注的问题是：（收入增加） | 您对该项目建设中最关注的问题是：（其他） |
|---|---|---|---|---|
| 有效 | 174 | 174 | 174 | 174 |
| 缺失 | 0 | 0 | 0 | 0 |

您对该项目建设中最关注的问题是：（环境保护）

| 样本 | 选项 | 频率 | 百分比 | 有效百分比 |
|---|---|---|---|---|
| 有效 | 未选中 | 66 | 37.5 | 37.5 |
| | 选中 | 108 | 62.5 | 62.5 |
| | 合计 | 174 | 100.0 | 100.0 |

您对该项目建设中最关注的问题是：（就业机会）

| 样本 | 选项 | 频率 | 百分比 | 有效百分比 |
|---|---|---|---|---|
| 有效 | 未选中 | 154 | 88.4 | 88.4 |
| | 选中 | 20 | 11.6 | 11.6 |
| | 合计 | 174 | 100.0 | 100.0 |

您对该项目建设中最关注的问题是：（收入增加）

| 样本 | 选项 | 频率 | 百分比 | 有效百分比 |
|---|---|---|---|---|
| 有效 | 未选中 | 130 | 75.2 | 75.2 |
| | 选中 | 44 | 24.8 | 24.8 |
| | 合计 | 174 | 100.0 | 100.0 |

您对该项目建设中最关注的问题是：（其他）

| 样本 | 选项 | 频率 | 百分比 | 有效百分比 |
|---|---|---|---|---|
| 有效 | 未选中 | 172 | 98.9 | 98.9 |
| | 选中 | 2 | 1.1 | 1.1 |
| | 合计 | 174 | 100.0 | 100.0 |

**统计量**

| 样本 | 气田等相关单位是否做好相应的措施治理这些问题？ | 您对其采取的措施满意度如何？ |
|---|---|---|
| 有效 | 174 | 87 |
| 缺失 | 0 | 0 |

气田等相关单位是否做好相应的措施治理这些问题？

| 样本 | 选项 | 频率 | 百分比 | 有效百分比 |
|---|---|---|---|---|
| 有效 | 没有 | 30 | 16.7 | 16.7 |
| | 只做表面工作，不采取有效措施 | 86 | 49.8 | 49.8 |
| | 采取有效措施 | 48 | 27.8 | 27.8 |
| | 其他 | 10 | 5.7 | 5.7 |
| | 合计 | 174 | 100.0 | 100.0 |

您对其采取的措施满意度如何？

| 样本 | 选项 | 频率 | 百分比 | 有效百分比 |
|---|---|---|---|---|
| 有效 | 不满意 | 102 | 58.3 | 58.3 |
| | 基本满意 | 56 | 32.6 | 32.6 |
| | 满意 | 12 | 6.7 | 6.7 |
| | 很满意 | 4 | 2.4 | 2.4 |
| | 合计 | 174 | 100.0 | 100.0 |

**相关性**

| | Pearson 相关性 | 1 | .579** |
|---|---|---|---|
| 气田等相关单位是否做好相应的措施治理这些问题 | 显著性（双侧） | | .000 |
| | N | 174 | 174 |
| | Pearson 相关性 | .579** | 1 |
| 您对其采取的措施满意度 | 显著性（双侧） | .000 | — |
| | N | 174 | 174 |

注：**. 在 .01 水平（双侧）上显著相关。

您对以上问题采取什么措施？

**统计量**

您对以上问题采取什么措施？

| 数量 | 有效 | 174 |
|---|---|---|
| | 缺失 | 0 |

| 样本 | 选项 | 频率 | 百分比 | 有效百分比 |
|---|---|---|---|---|
| 有效 | 无所谓 | 26 | 14.9 | 14.9 |
| | 集体找气田解决 | 22 | 12.6 | 12.6 |
| | 集体找政府解决 | 100 | 57.5 | 57.5 |
| | 其他 | 26 | 14.9 | 14.9 |
| | 合计 | 174 | 100.0 | 100.0 |

你对环保工作的看法是：

| 样本 | 选项 | 频率 | 百分比 | 有效百分比 |
|---|---|---|---|---|
| 有效 | 持支持态度 | 154 | 88.5 | 88.5 |
| | 完全没有必要 | 6 | 3.4 | 3.4 |
| | 无所谓 | 12 | 6.9 | 6.9 |
| | 其他 | 2 | 1.1 | 1.1 |
| | 合计 | 174 | 100.0 | 100.0 |

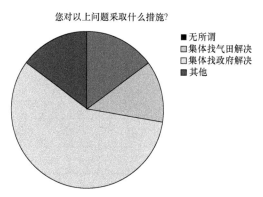

您对以上问题采取什么措施?

■ 无所谓
□ 集体找气田解决
□ 集体找政府解决
■ 其他

你对未来环保质量的期望是:

| 样本 | 选项 | 频率 | 百分比 | 有效百分比 | 累积百分比 |
|---|---|---|---|---|---|
| 有效 | 无所谓,维持原状 | 14 | 8.0 | 8.0 | 8.0 |
| | 希望能切实解决污染的根本问题 | 118 | 67.8 | 67.8 | 75.9 |
| | 要治理,改善现状就好 | 38 | 21.8 | 21.8 | 97.7 |
| | 其他 | 4 | 2.3 | 2.3 | 100.0 |
| | 合计 | 174 | 100.0 | 100.0 | |

**主体间因子分析统计**

| 项目 | 序号 | 标签 | 数量 |
|---|---|---|---|
| 性别 | 1 | 男 | 106 |
| | 2 | 女 | 68 |
| 文化程度 | 1 | 小学及以下 | 44 |
| | 2 | 初中 | 34 |
| | 3 | 高中/中专 | 68 |
| | 4 | 大专 | 18 |
| | 5 | 本科 | 8 |
| | 6 | 本科及以上 | 2 |
| 职业 | 1 | 学生 | 6 |
| | 2 | 个体户 | 48 |
| | 3 | 农户 | 70 |

续表

| 项目 | 序号 | 标签 | 数量 |
|---|---|---|---|
| | 4 | 公务员 | 6 |
| | 5 | 企业职工 | 8 |
| 职业 | 6 | 公司职员 | 10 |
| | 7 | 自由职业者 | 22 |
| | 9 | 离退休 | 2 |

描述性统计

| 项目 | 性别 | 文化程度 | 职业 | 均值 | 标准偏差 | 数量 |
|---|---|---|---|---|---|---|
| 您对页岩气了解吗 | 男 | 小学及以下 | 个体户 | 2.67 | 1.155 | 6 |
| | | | 农户 | 2.40 | .548 | 10 |
| | | | 自由职业者 | 2.50 | .707 | 4 |
| | | | 总计 | 2.50 | .707 | 20 |
| | | 初中 | 个体户 | 2.67 | .577 | 6 |
| | | | 农户 | 3.00 | .000 | 8 |
| | | | 自由职业者 | 2.00 | 1.414 | 4 |
| | | | 总计 | 2.67 | .707 | 18 |
| | | 高中/中专 | 学生 | 3.00 | . | 2 |
| | | | 个体户 | 2.67 | .516 | 12 |
| | | | 农户 | 2.63 | .518 | 16 |
| | | | 公务员 | 3.00 | . | 2 |
| | | | 企业职工 | 3.00 | . | 2 |
| | | | 公司职员 | 2.50 | .707 | 4 |
| | | | 自由职业者 | 3.00 | .816 | 4 |
| | | | 离退休 | 2.00 | . | 2 |
| | | | 总计 | 2.71 | .550 | 48 |
| | | 大专 | 个体户 | 3.00 | . | 2 |
| | | | 农户 | 3.33 | .577 | 6 |

续表

| 项目 | 性别 | 文化程度 | 职业 | 均值 | 标准偏差 | 数量 |
|---|---|---|---|---|---|---|
| 您对页岩气了解程度 | 男 | 大专 | 公务员 | 2.00 | . | 2 |
| | | | 企业职工 | 3.50 | .707 | 4 |
| | | | 公司职员 | 3.00 | . | 2 |
| | | | 总计 | 3.13 | .641 | 16 |
| | | 本科 | 公务员 | 2.00 | . | 2 |
| | | | 企业职工 | 3.00 | . | 2 |
| | | | 总计 | 2.50 | .707 | 4 |
| | | 总计 | 学生 | 3.00 | . | 2 |
| | | | 个体户 | 2.69 | .630 | 26 |
| | | | 农户 | 2.75 | .550 | 40 |
| | | | 公务员 | 2.33 | .577 | 6 |
| | | | 企业职工 | 3.25 | .500 | 8 |
| | | | 公司职员 | 2.67 | .577 | 6 |
| | | | 自由职业者 | 2.63 | .916 | 16 |
| | | | 离退休 | 2.00 | . | 2 |
| | | | 总计 | 2.72 | .632 | 106 |
| | 女 | 小学及以下 | 个体户 | 2.50 | .707 | 4 |
| | | | 农户 | 2.56 | .726 | 18 |
| | | | 自由职业者 | 2.00 | . | 2 |
| | | | 总计 | 2.50 | .674 | 24 |
| | | 初中 | 个体户 | 2.40 | .548 | 10 |
| | | | 农户 | 2.00 | .000 | 4 |
| | | | 自由职业者 | 3.00 | . | 2 |
| | | | 总计 | 2.38 | .518 | 16 |
| | | 高中/中专 | 其他 | 3.00 | . | 2 |
| | | | 学生 | 2.00 | . | 2 |

| 项目 | 性别 | 文化程度 | 职业 | 均值 | 标准偏差 | 数量 |
|---|---|---|---|---|---|---|
| 您对页岩气了解吗 | 女 | 高中/中专 | 个体户 | 2.75 | .500 | 8 |
| | | | 农户 | 2.00 | .000 | 6 |
| | | | 自由职业者 | 3.00 | . | 2 |
| | | | 总计 | 2.50 | .527 | 20 |
| | | 大专 | 公司职员 | 1.00 | . | 2 |
| | | | 总计 | 1.00 | . | 2 |
| | | 本科 | 学生 | 4.00 | . | 2 |
| | | | 农户 | 3.00 | . | 2 |
| | | | 总计 | 3.50 | .707 | 4 |
| | | 本科及以上 | 公司职员 | 3.00 | . | 2 |
| | | | 总计 | 3.00 | . | 2 |
| | | 总计 | 其他 | 3.00 | . | 2 |
| | | | 学生 | 3.00 | 1.414 | 4 |
| | | | 个体户 | 2.55 | .522 | 22 |
| | | | 农户 | 2.40 | .632 | 30 |
| | | | 公司职员 | 2.00 | 1.414 | 4 |
| | | | 自由职业者 | 2.67 | .577 | 6 |
| | | | 总计 | 2.50 | .663 | 68 |
| | 总计 | 小学及以下 | 个体户 | 2.60 | .894 | 10 |
| | | | 农户 | 2.50 | .650 | 28 |
| | | | 自由职业者 | 2.33 | .577 | 6 |
| | | | 总计 | 2.50 | .673 | 44 |
| | | 初中 | 个体户 | 2.50 | .535 | 16 |
| | | | 农户 | 2.67 | .516 | 12 |
| | | | 自由职业者 | 2.33 | 1.155 | 6 |
| | | | 总计 | 2.53 | .624 | 34 |

| 项目 | 性别 | 文化程度 | 职业 | 均值 | 标准偏差 | 数量 |
|---|---|---|---|---|---|---|
| 您对页岩气了解程度 | 总计 | 高中/中专 | 其他 | 3.00 | . | 2 |
| | | | 学生 | 2.50 | .707 | 4 |
| | | | 个体户 | 2.70 | .483 | 20 |
| | | | 农户 | 2.45 | .522 | 22 |
| | | | 公务员 | 3.00 | . | 2 |
| | | | 企业职工 | 3.00 | . | 2 |
| | | | 公司职员 | 2.50 | .707 | 4 |
| | | | 自由职业者 | 3.00 | .707 | 10 |
| | | | 离退休 | 2.00 | . | 2 |
| | | | 总计 | 2.65 | .544 | 68 |
| | | 大专 | 个体户 | 3.00 | . | 2 |
| | | | 农户 | 3.33 | .577 | 6 |
| | | | 公务员 | 2.00 | . | 2 |
| | | | 企业职工 | 3.50 | .707 | 4 |
| | | | 公司职员 | 2.00 | 1.414 | 4 |
| | | | 总计 | 2.89 | .928 | 18 |
| | | 本科 | 学生 | 4.00 | . | 2 |
| | | | 农户 | 3.00 | . | 2 |
| | | | 公务员 | 2.00 | . | 2 |
| | | | 企业职工 | 3.00 | . | 2 |
| | | | 总计 | 3.00 | .816 | 8 |
| | | 本科及以上 | 公司职员 | 3.00 | . | 2 |
| | | | 总计 | 3.00 | . | 2 |
| | | 总计 | 其他 | 3.00 | . | 2 |
| | | | 学生 | 3.00 | 1.000 | 6 |
| | | | 个体户 | 2.63 | .576 | 48 |

| 项目 | 性别 | 文化程度 | 职业 | 均值 | 标准偏差 | 数量 |
|---|---|---|---|---|---|---|
| 您对页岩气了解程度 | 总计 | 总计 | 农户 | 2.60 | .604 | 70 |
| | | | 公务员 | 2.33 | .577 | 6 |
| | | | 企业职工 | 3.25 | .500 | 8 |
| | | | 公司职员 | 2.40 | .894 | 10 |
| | | | 自由职业者 | 2.64 | .809 | 22 |
| | | | 离退休 | 2.00 | . | 2 |
| | | | 总计 | 2.63 | .649 | 174 |
| 您对您所在地的环境质量现状感觉 | 男 | 小学及以下 | 个体户 | 2.00 | 1.000 | 6 |
| | | | 农户 | 1.60 | .548 | 10 |
| | | | 自由职业者 | 2.00 | 1.414 | 4 |
| | | | 总计 | 1.80 | .789 | 20 |
| | | 初中 | 个体户 | 2.33 | .577 | 6 |
| | | | 农户 | 2.25 | .957 | 8 |
| | | | 自由职业者 | 2.00 | .000 | 4 |
| | | | 总计 | 2.22 | .667 | 18 |
| | | 高中/中专 | 学生 | 2.00 | . | 2 |
| | | | 个体户 | 2.00 | .894 | 12 |
| | | | 农户 | 1.88 | .641 | 16 |
| | | | 公务员 | 2.00 | . | 2 |
| | | | 企业职工 | 2.00 | . | 2 |
| | | | 公司职员 | 3.00 | .000 | 4 |
| | | | 自由职业者 | 1.75 | .957 | 8 |
| | | | 离退休 | 2.00 | . | 2 |
| | | | 总计 | 2.00 | .722 | 48 |
| | | 大专 | 个体户 | 2.00 | . | 2 |
| | | | 农户 | 1.67 | .577 | 6 |

续表

| 项目 | 性别 | 文化程度 | 职业 | 均值 | 标准偏差 | 数量 |
|---|---|---|---|---|---|---|
| 您对您所在地的环境质量现状感觉 | 男 | 大专 | 公务员 | 3.00 | . | 2 |
| | | | 企业职工 | 2.00 | .000 | 4 |
| | | | 公司职员 | 2.00 | . | 2 |
| | | | 总计 | 2.00 | .535 | 16 |
| | | 本科 | 公务员 | 3.00 | . | 2 |
| | | | 企业职工 | 3.00 | . | 2 |
| | | | 总计 | 3.00 | .000 | 4 |
| | | 总计 | 学生 | 2.00 | . | 2 |
| | | | 个体户 | 2.08 | .760 | 26 |
| | | | 农户 | 1.85 | .671 | 40 |
| | | | 公务员 | 2.67 | .577 | 6 |
| | | | 企业职工 | 2.25 | .500 | 8 |
| | | | 公司职员 | 2.67 | .577 | 6 |
| | | | 自由职业者 | 1.88 | .835 | 16 |
| | | | 离退休 | 2.00 | . | 2 |
| | | | 总计 | 2.04 | .706 | 106 |
| | 女 | 小学及以下 | 个体户 | 1.50 | .707 | 4 |
| | | | 农户 | 2.11 | .601 | 18 |
| | | | 自由职业者 | 3.00 | . | 2 |
| | | | 总计 | 2.08 | .669 | 24 |
| | | 初中 | 个体户 | 1.40 | .548 | 10 |
| | | | 农户 | 2.00 | 1.414 | 4 |
| | | | 自由职业者 | 2.00 | . | 2 |
| | | | 总计 | 1.63 | .744 | 16 |
| | | 高中/中专 | 其他 | 2.00 | . | 2 |
| | | | 学生 | 2.00 | . | 2 |

| 项目 | 性别 | 文化程度 | 职业 | 均值 | 标准偏差 | 数量 |
|---|---|---|---|---|---|---|
| 您对您所在地的环境质量现状感觉 | 女 | 高中/中专 | 个体户 | 1.75 | .500 | 8 |
| | | | 农户 | 2.33 | .577 | 6 |
| | | | 自由职业者 | 1.00 | . | 2 |
| | | | 总计 | 1.90 | .568 | 20 |
| | | 大专 | 公司职员 | 2.00 | . | 2 |
| | | | 总计 | 2.00 | . | 2 |
| | | 本科 | 学生 | 3.00 | . | 2 |
| | | | 农户 | 2.00 | . | 2 |
| | | | 总计 | 2.50 | .707 | 4 |
| | | 本科及以上 | 公司职员 | 3.00 | . | 2 |
| | | | 总计 | 3.00 | . | 2 |
| | | 总计 | 其他 | 2.00 | . | 2 |
| | | | 学生 | 2.50 | .707 | 4 |
| | | | 个体户 | 1.55 | .522 | 22 |
| | | | 农户 | 2.13 | .640 | 30 |
| | | | 公司职员 | 2.50 | .707 | 4 |
| | | | 自由职业者 | 2.00 | 1.000 | 6 |
| | | | 总计 | 1.97 | .674 | 68 |
| | 总计 | 小学及以下 | 个体户 | 1.80 | .837 | 10 |
| | | | 农户 | 1.93 | .616 | 28 |
| | | | 自由职业者 | 2.33 | 1.155 | 6 |
| | | | 总计 | 1.95 | .722 | 44 |
| | | 初中 | 个体户 | 1.75 | .707 | 16 |
| | | | 农户 | 2.17 | .983 | 12 |
| | | | 自由职业者 | 2.00 | .000 | 6 |
| | | | 总计 | 1.94 | .748 | 34 |

续表

| 项目 | 性别 | 文化程度 | 职业 | 均值 | 标准偏差 | 数量 |
|---|---|---|---|---|---|---|
| 您对您所在地的环境质量现状感觉 | 总计 | 高中/中专 | 其他 | 2.00 | . | 2 |
| | | | 学生 | 2.00 | .000 | 4 |
| | | | 个体户 | 1.90 | .738 | 20 |
| | | | 农户 | 2.00 | .632 | 22 |
| | | | 公务员 | 2.00 | . | 2 |
| | | | 企业职工 | 2.00 | . | 2 |
| | | | 公司职员 | 3.00 | .000 | 4 |
| | | | 自由职业者 | 1.60 | .894 | 10 |
| | | | 离退休 | 2.00 | . | 2 |
| | | | 总计 | 1.97 | .674 | 68 |
| | | 大专 | 个体户 | 2.00 | . | 2 |
| | | | 农户 | 1.67 | .577 | 6 |
| | | | 公务员 | 3.00 | . | 2 |
| | | | 企业职工 | 2.00 | .000 | 4 |
| | | | 公司职员 | 2.00 | .000 | 4 |
| | | | 总计 | 2.00 | .500 | 18 |
| | | 本科 | 学生 | 3.00 | . | 2 |
| | | | 农户 | 2.00 | . | 2 |
| | | | 公务员 | 3.00 | . | 2 |
| | | | 企业职工 | 3.00 | . | 2 |
| | | | 总计 | 2.75 | .500 | 8 |
| | | 本科及以上 | 公司职员 | 3.00 | . | 2 |
| | | | 总计 | 3.00 | . | 2 |
| | | 总计 | 其他 | 2.00 | . | 2 |
| | | | 学生 | 2.33 | .577 | 6 |
| | | | 个体户 | 1.83 | .702 | 48 |

| 项目 | 性别 | 文化程度 | 职业 | 均值 | 标准偏差 | 数量 |
|------|------|----------|------|------|----------|------|
| 您对您所在地的环境质量现状感觉 | 总计 | 总计 | 农户 | 1.97 | .664 | 70 |
| | | | 公务员 | 2.67 | .577 | 6 |
| | | | 企业职工 | 2.25 | .500 | 8 |
| | | | 公司职员 | 2.60 | .548 | 10 |
| | | | 自由职业者 | 1.91 | .831 | 22 |
| | | | 离退休 | 2.00 | . | 2 |
| | | | 总计 | 2.01 | .690 | 174 |

**协方差矩阵等同性的 Box 检验**

| Box 的 M | 20.794 |
|----------|--------|
| F | .645 |
| df1 | 24 |
| df2 | 1212.839 |
| Sig. | .904 |

注：1. 检验零假设，即观测到的因变量的协方差矩阵在所有组中均相等。
2. 设计：截距 + Q1 + Q4 + Q5 + Q1 *Q4 + Q1 *Q5 + Q4 *Q5 + Q1 *Q4 *Q5。

**多变量检验**

| 效应 | | 值 | F | 假设 df | 误差 df | Sig. |
|------|------|------|------|---------|---------|------|
| 截距 | Pillai 的跟踪 | .952 | 490.867[a] | 2.000 | 50.000 | .000 |
| | Wilks 的 Lambda | .048 | 490.867[a] | 2.000 | 50.000 | .000 |
| | Hotelling 的跟踪 | 19.635 | 490.867[a] | 2.000 | 50.000 | .000 |
| | Roy 的最大根 | 19.635 | 490.867[a] | 2.000 | 50.000 | .000 |
| Q1 | Pillai 的跟踪 | .110 | 3.081[a] | 2.000 | 50.000 | .055 |
| | Wilks 的 Lambda | .890 | 3.081[a] | 2.000 | 50.000 | .055 |
| | Hotelling 的跟踪 | .123 | 3.081[a] | 2.000 | 50.000 | .055 |
| | Roy 的最大根 | .123 | 3.081[a] | 2.000 | 50.000 | .055 |

| 效应 | | 值 | F | 假设 df | 误差 df | Sig. |
|---|---|---|---|---|---|---|
| Q4 | Pillai 的跟踪 | .240 | 1.392 | 10.000 | 102.000 | .194 |
| | Wilks 的 Lambda | .771 | 1.389[a] | 10.000 | 100.000 | .196 |
| | Hotelling 的跟踪 | .283 | 1.385 | 10.000 | 98.000 | .198 |
| | Roy 的最大根 | .216 | 2.200[b] | 5.000 | 51.000 | .069 |
| Q5 | Pillai 的跟踪 | .179 | .626 | 16.000 | 102.000 | .856 |
| | Wilks 的 Lambda | .829 | .615[a] | 16.000 | 100.000 | .865 |
| | Hotelling 的跟踪 | .197 | .604 | 16.000 | 98.000 | .874 |
| | Roy 的最大根 | .121 | .774[b] | 8.000 | 51.000 | .627 |
| Q1 *Q4 | Pillai 的跟踪 | .035 | .454 | 4.000 | 102.000 | .769 |
| | Wilks 的 Lambda | .965 | .449[a] | 4.000 | 100.000 | .773 |
| | Hotelling 的跟踪 | .036 | .444 | 4.000 | 98.000 | .777 |
| | Roy 的最大根 | .036 | .910[b] | 2.000 | 51.000 | .409 |
| Q1 *Q5 | Pillai 的跟踪 | .106 | .950 | 6.000 | 102.000 | .463 |
| | Wilks 的 Lambda | .897 | .935[a] | 6.000 | 100.000 | .473 |
| | Hotelling 的跟踪 | .113 | .920 | 6.000 | 98.000 | .484 |
| | Roy 的最大根 | .079 | 1.338[b] | 3.000 | 51.000 | .272 |
| Q4 *Q5 | Pillai 的跟踪 | .221 | .633 | 20.000 | 102.000 | .879 |
| | Wilks 的 Lambda | .790 | .627[a] | 20.000 | 100.000 | .884 |
| | Hotelling 的跟踪 | .253 | .621 | 20.000 | 98.000 | .889 |
| | Roy 的最大根 | .181 | .922[b] | 10.000 | 51.000 | .521 |
| Q1 *Q4 *Q5 | Pillai 的跟踪 | .140 | .962 | 8.000 | 102.000 | .470 |
| | Wilks 的 Lambda | .864 | .949[a] | 8.000 | 100.000 | .480 |
| | Hotelling 的跟踪 | .153 | .937 | 8.000 | 98.000 | .490 |
| | Roy 的最大根 | .110 | 1.403[b] | 4.000 | 51.000 | .246 |

注：1. 精确统计量。

2. 该统计量是 F 的上限，它产生了一个关于显著性级别的下限。

3. 设计：截距 + Q1 + Q4 + Q5 + Q1 *Q4 + Q1 *Q5 + Q4 *Q5 + Q1 *Q4 *Q5。

**误差方差等同性的 Levene 检验**

| 项目 | F | df1 | df2 | Sig. |
|---|---|---|---|---|
| 您对页岩气了解吗 | 2.959 | 35 | 51 | .000 |
| 您对您所在地的环境质量现状感觉 | 1.614 | 35 | 51 | .059 |

注：1. 检验零假设，即在所有组中因变量的误差方差均相等。

2. 设计：截距 + Q1 + Q4 + Q5 + Q1*Q4 + Q1*Q5 + Q4*Q5 + Q1*Q4*Q5。

**主体间效应的检验**

| 源 | 因变量 | III型平方和 | df | 均方 | F | Sig. |
|---|---|---|---|---|---|---|
| 校正模型 | 您对页岩气了解吗 | 15.649ᵃ | 70 | .447 | 1.108 | .364 |
| | 您对您所在地的环境质量现状感觉 | 14.075ᵇ | 70 | .402 | .762 | .800 |
| 截距 | 您对页岩气了解吗 | 216.829 | 2 | 216.829 | 537.316 | .000 |
| | 您对您所在地的环境质量现状感觉 | 157.448 | 2 | 157.448 | 298.354 | .000 |
| Q1 | 您对页岩气了解吗 | 2.403 | 2 | 2.403 | 5.955 | .018 |
| | 您对您所在地的环境质量现状感觉 | .012 | 2 | .012 | .022 | .882 |
| Q4 | 您对页岩气了解吗 | 4.001 | 10 | .800 | 1.983 | .097 |
| | 您对您所在地的环境质量现状感觉 | 1.988 | 10 | .398 | .754 | .587 |
| Q5 | 您对页岩气了解吗 | 2.498 | 16 | .312 | .774 | .627 |
| | 您对您所在地的环境质量现状感觉 | 2.071 | 16 | .259 | .491 | .857 |
| Q1*Q4 | 您对页岩气了解吗 | .017 | 4 | .009 | .022 | .979 |
| | 您对您所在地的环境质量现状感觉 | .954 | 4 | .477 | .904 | .411 |
| Q1*Q5 | 您对页岩气了解吗 | 1.048 | 6 | .349 | .865 | .465 |
| | 您对您所在地的环境质量现状感觉 | 1.850 | 6 | .617 | 1.169 | .331 |
| Q4*Q5 | 您对页岩气了解吗 | 2.626 | 20 | .263 | .651 | .763 |
| | 您对您所在地的环境质量现状感觉 | 3.875 | 20 | .387 | .734 | .689 |
| Q1*Q4*Q5 | 您对页岩气了解吗 | 2.099 | 8 | .525 | 1.300 | .282 |
| | 您对您所在地的环境质量现状感觉 | 1.215 | 8 | .304 | .575 | .682 |
| 误差 | 您对页岩气了解吗 | 20.581 | 102 | .404 | — | — |
| | 您对您所在地的环境质量现状感觉 | 26.914 | 102 | .528 | — | — |

续表

| 源 | 因变量 | Ⅲ型平方和 | df | 均方 | F | Sig. |
|---|---|---|---|---|---|---|
| 总计 | 您对页岩气了解吗 | 639.000 | 174 | — | — | — |
| | 您对您所在地的环境质量现状感觉 | 393.000 | 174 | — | — | — |
| 校正的总计 | 您对页岩气了解吗 | 36.230 | 172 | — | — | — |
| | 您对您所在地的环境质量现状感觉 | 40.989 | 172 | — | — | — |

注 1．R 方=.432（调整 R 方=.042）。

2．R 方=.343（调整 R 方=−.107）。

**参数估计**

| 因变量 | 参数 | B | 标准误差 | t | Sig. | 95% 置信区间 | |
|---|---|---|---|---|---|---|---|
| | | | | | | 下限 | 上限 |
| 您对页岩气了解吗 | 截距 | 2.500 | 1.004 | 2.489 | .016 | .484 | 4.516 |
| | [Q1=1] | −.792 | 1.354 | −.585 | .561 | −3.510 | 1.926 |
| | [Q1=2] | 0ᵃ | — | — | — | — | — |
| | [Q4=1] | −1.500 | 1.053 | −1.424 | .161 | −3.615 | .615 |
| | [Q4=2] | −.500 | 1.053 | −.475 | .637 | −2.615 | 1.615 |
| | [Q4=3] | −.500 | 1.053 | −.475 | .637 | −2.615 | 1.615 |
| | [Q4=4] | −2.000 | .898 | −2.226 | .030 | −3.804 | −.196 |
| | [Q4=5] | .292 | 1.426 | .204 | .839 | −2.572 | 3.155 |
| | [Q4=6] | 0ᵃ | — | — | — | — | — |
| | [Q5=−2] | 1.000 | 1.145 | .873 | .387 | −1.299 | 3.299 |
| | [Q5=1] | 1.208 | 1.625 | .744 | .460 | −2.053 | 4.470 |
| | [Q5=2] | .583 | 1.444 | .404 | .688 | −2.315 | 3.482 |
| | [Q5=3] | .208 | 1.354 | .154 | .878 | −2.510 | 2.926 |
| | [Q5=4] | −5.026E−15 | 1.420 | .000 | 1.000 | −2.852 | 2.852 |
| | [Q5=5] | 1.000 | 1.100 | .909 | .368 | −1.209 | 3.209 |
| | [Q5=6] | .500 | .778 | .643 | .523 | −1.062 | 2.062 |

| 因变量 | 参数 | B | 标准误差 | t | Sig. | 95% 置信区间 | |
|---|---|---|---|---|---|---|---|
| | | | | | | 下限 | 上限 |
| | ［Q5=7］ | 1.000 | .710 | 1.408 | .165 | −.426 | 2.426 |
| | ［Q5=9］ | 0ᵃ | — | — | — | — | — |
| | ［Q1=1］ * ［Q4=1］ | 1.292 | 1.561 | .827 | .412 | −1.843 | 4.426 |
| | ［Q1=1］ * ［Q4=2］ | −.208 | 1.561 | −.133 | .894 | −3.343 | 2.926 |
| | ［Q1=1］ * ［Q4=3］ | .792 | 1.153 | .687 | .495 | −1.522 | 3.105 |
| | ［Q1=1］ * ［Q4=4］ | 2.792 | 1.625 | 1.718 | .092 | −.470 | 6.053 |
| | ［Q1=1］ * ［Q4=5］ | 0ᵃ | — | — | — | — | — |
| | ［Q1=2］ * ［Q4=1］ | 0ᵃ | — | — | — | — | — |
| | ［Q1=2］ * ［Q4=2］ | 0ᵃ | — | — | — | — | — |
| | ［Q1=2］ * ［Q4=3］ | 0ᵃ | — | — | — | — | — |
| | ［Q1=2］ * ［Q4=4］ | 0ᵃ | — | — | — | — | — |
| 您对页岩气了解吗 | ［Q1=2］ * ［Q4=5］ | 0ᵃ | — | — | — | — | — |
| | ［Q1=2］ * ［Q4=6］ | 0ᵃ | — | — | — | — | — |
| | ［Q1=1］ * ［Q5=1］ | 1.000 | 1.145 | .873 | .387 | −1.299 | 3.299 |
| | ［Q1=1］ * ［Q5=2］ | −.083 | .820 | −.102 | .919 | −1.730 | 1.563 |
| | ［Q1=1］ * ［Q5=3］ | .625 | .830 | .753 | .455 | −1.042 | 2.292 |
| | ［Q1=1］ * ［Q5=4］ | 0ᵃ | — | — | — | — | — |
| | ［Q1=1］ * ［Q5=5］ | 0ᵃ | — | — | — | — | — |
| | ［Q1=1］ * ［Q5=6］ | 0ᵃ | — | — | — | — | — |
| | ［Q1=1］ * ［Q5=7］ | 0ᵃ | — | — | — | — | — |
| | ［Q1=1］ * ［Q5=9］ | 0ᵃ | — | — | — | — | — |
| | ［Q1=2］ * ［Q5=−2］ | 0ᵃ | — | — | — | — | — |
| | ［Q1=2］ * ［Q5=1］ | 0ᵃ | — | — | — | — | — |
| | ［Q1=2］ * ［Q5=2］ | 0ᵃ | — | — | — | — | — |
| | ［Q1=2］ * ［Q5=3］ | 0ᵃ | — | — | — | — | — |

| 因变量 | 参数 | B | 标准误差 | t | Sig. | 95% 置信区间 | |
|---|---|---|---|---|---|---|---|
| | | | | | | 下限 | 上限 |
| 您对页岩气了解吗 | [Q1=2] * [Q5=6] | 0ᵃ | — | — | — | — | — |
| | [Q1=2] * [Q5=7] | 0ᵃ | — | — | — | — | — |
| | [Q4=1] * [Q5=2] | .917 | 1.478 | .620 | .538 | −2.051 | 3.885 |
| | [Q4=1] * [Q5=3] | 1.347 | 1.333 | 1.011 | .317 | −1.329 | 4.023 |
| | [Q4=1] * [Q5=7] | 0ᵃ | — | — | — | — | — |
| | [Q4=2] * [Q5=2] | −.183 | 1.437 | −.128 | .899 | −3.068 | 2.701 |
| | [Q4=2] * [Q5=3] | −.208 | 1.391 | −.150 | .881 | −3.000 | 2.583 |
| | [Q4=2] * [Q5=7] | 0ᵃ | — | — | — | — | — |
| | [Q4=3] * [Q5=−2] | 0ᵃ | — | — | — | — | — |
| | [Q4=3] * [Q5=1] | −1.208 | 1.461 | −.827 | .412 | −4.142 | 1.725 |
| | [Q4=3] * [Q5=2] | .167 | 1.037 | .161 | .873 | −1.916 | 2.249 |
| | [Q4=3] * [Q5=3] | −.208 | .889 | −.234 | .816 | −1.993 | 1.576 |
| | [Q4=3] * [Q5=4] | 1.000 | 1.420 | .704 | .485 | −1.852 | 3.852 |
| | [Q4=3] * [Q5=5] | 2.795E−16 | 1.100 | .000 | 1.000 | −2.209 | 2.209 |
| | [Q4=3] * [Q5=6] | 0ᵃ | — | — | — | — | — |
| | [Q4=3] * [Q5=7] | 0ᵃ | — | — | — | — | — |
| | [Q4=3] * [Q5=9] | 0ᵃ | — | — | — | — | — |
| | [Q4=4] * [Q5=2] | 0ᵃ | — | — | — | — | — |
| | [Q4=4] * [Q5=3] | 0ᵃ | — | — | — | — | — |
| | [Q4=4] * [Q5=4] | −.500 | 1.188 | −.421 | .676 | −2.886 | 1.886 |
| | [Q4=4] * [Q5=5] | 0ᵃ | — | — | — | — | — |
| | [Q4=4] * [Q5=6] | 0ᵃ | — | — | — | — | — |
| | [Q4=5] * [Q5=1] | 0ᵃ | — | — | — | — | — |
| | [Q4=5] * [Q5=3] | 0ᵃ | — | — | — | — | — |
| | [Q4=5] * [Q5=4] | 0ᵃ | — | — | — | — | — |

续表

| 因变量 | 参数 | B | 标准误差 | t | Sig. | 95% 置信区间 | |
|---|---|---|---|---|---|---|---|
| | | | | | | 下限 | 上限 |
| 您对页岩气了解吗 | ［Q4=5］＊［Q5=5］ | 0ª | — | — | — | — | — |
| | ［Q4=6］＊［Q5=6］ | 0ª | — | — | — | — | — |
| | ［Q1=1］＊［Q4=1］＊［Q5=2］ | －.250 | 1.270 | －.197 | .845 | －2.801 | 2.301 |
| | ［Q1=1］＊［Q4=1］＊［Q5=3］ | －1.281 | 1.192 | －1.075 | .288 | －3.673 | 1.112 |
| | ［Q1=1］＊［Q4=1］＊［Q5=7］ | 0ª | — | — | — | — | — |
| | ［Q1=1］＊［Q4=2］＊［Q5=2］ | 1.350 | 1.222 | 1.105 | .274 | －1.103 | 3.803 |
| | ［Q1=1］＊［Q4=2］＊［Q5=3］ | 1.375 | 1.264 | 1.088 | .282 | －1.162 | 3.912 |
| | ［Q1=1］＊［Q4=2］＊［Q5=7］ | 0ª | — | — | — | — | — |
| | ［Q1=1］＊［Q4=3］＊［Q5=1］ | 0ª | — | — | — | — | — |
| | ［Q1=1］＊［Q4=3］＊［Q5=2］ | 0ª | — | — | — | — | — |
| | ［Q1=1］＊［Q4=3］＊［Q5=3］ | 0ª | — | — | — | — | — |
| | ［Q1=1］＊［Q4=3］＊［Q5=4］ | 0ª | — | — | — | — | — |
| | ［Q1=1］＊［Q4=3］＊［Q5=5］ | 0ª | — | — | — | — | — |
| | ［Q1=1］＊［Q4=3］＊［Q5=6］ | 0ª | — | — | — | — | — |
| | ［Q1=1］＊［Q4=3］＊［Q5=7］ | 0ª | — | — | — | — | — |
| | ［Q1=1］＊［Q4=3］＊［Q5=9］ | 0ª | — | — | — | — | — |
| | ［Q1=1］＊［Q4=4］＊［Q5=2］ | 0ª | — | — | — | — | — |
| | ［Q1=1］＊［Q4=4］＊［Q5=3］ | 0ª | — | — | — | — | — |
| | ［Q1=1］＊［Q4=4］＊［Q5=4］ | 0ª | — | — | — | — | — |
| | ［Q1=1］＊［Q4=4］＊［Q5=5］ | 0ª | — | — | — | — | — |
| | ［Q1=1］＊［Q4=4］＊［Q5=6］ | 0ª | — | — | — | — | — |
| | ［Q1=1］＊［Q4=5］＊［Q5=4］ | 0ª | — | — | — | — | — |
| | ［Q1=1］＊［Q4=5］＊［Q5=5］ | 0ª | — | — | — | — | — |
| | ［Q1=2］＊［Q4=1］＊［Q5=2］ | 0ª | — | — | — | — | — |
| | ［Q1=2］＊［Q4=1］＊［Q5=3］ | 0ª | — | — | — | — | — |

| 因变量 | 参数 | B | 标准误差 | t | Sig. | 95% 置信区间 | |
|---|---|---|---|---|---|---|---|
| | | | | | | 下限 | 上限 |
| 您对页岩气了解吗 | [Q1=2]*[Q4=1]*[Q5=7] | 0ª | — | — | — | — | — |
| | [Q1=2]*[Q4=2]*[Q5=2] | 0ª | — | — | — | — | — |
| | [Q1=2]*[Q4=2]*[Q5=3] | 0ª | — | — | — | — | — |
| | [Q1=2]*[Q4=2]*[Q5=7] | 0ª | — | — | — | — | — |
| | [Q1=2]*[Q4=3]*[Q5=−2] | 0ª | — | — | — | — | — |
| | [Q1=2]*[Q4=3]*[Q5=1] | 0ª | — | — | — | — | — |
| | [Q1=2]*[Q4=3]*[Q5=2] | 0ª | — | — | — | — | — |
| | [Q1=2]*[Q4=3]*[Q5=3] | 0ª | — | — | — | — | — |
| | [Q1=2]*[Q4=3]*[Q5=7] | 0ª | — | — | — | — | — |
| | [Q1=2]*[Q4=4]*[Q5=6] | 0ª | — | — | — | — | — |
| | [Q1=2]*[Q4=5]*[Q5=1] | 0ª | — | — | — | — | — |
| | [Q1=2]*[Q4=5]*[Q5=3] | 0ª | — | — | — | — | — |
| | [Q1=2]*[Q4=6]*[Q5=6] | 0ª | — | — | — | — | — |
| 您对您所在地的环境质量现状感觉 | 截距 | 2.000 | 1.149 | 1.741 | .088 | −.306 | 4.306 |
| | [Q1=1] | 1.875 | 1.548 | 1.211 | .231 | −1.233 | 4.983 |
| | [Q1=2] | 0ª | — | — | — | — | — |
| | [Q4=1] | 1.250 | 1.205 | 1.038 | .304 | −1.168 | 3.668 |
| | [Q4=2] | .250 | 1.205 | .208 | .836 | −2.168 | 2.668 |
| | [Q4=3] | −.750 | 1.205 | −.623 | .536 | −3.168 | 1.668 |
| | [Q4=4] | −1.000 | 1.027 | −.973 | .335 | −3.062 | 1.062 |
| | [Q4=5] | −1.875 | 1.631 | −1.150 | .256 | −5.150 | 1.400 |
| | [Q4=6] | 0ª | — | — | — | — | — |

| 因变量 | 参数 | B | 标准误差 | t | Sig. | 95% 置信区间 | |
|---|---|---|---|---|---|---|---|
| | | | | | | 下限 | 上限 |
| 您对您所在地的环境质量现状感觉 | ［Q5＝−2］ | .750 | 1.310 | .573 | .569 | −1.879 | 3.379 |
| | ［Q5＝1］ | 2.875 | 1.858 | 1.547 | .128 | −.855 | 6.605 |
| | ［Q5＝2］ | 1.500 | 1.651 | .908 | .368 | −1.815 | 4.815 |
| | ［Q5＝3］ | 1.875 | 1.548 | 1.211 | .231 | −1.233 | 4.983 |
| | ［Q5＝4］ | 1.000 | 1.624 | .616 | .541 | −2.261 | 4.261 |
| | ［Q5＝5］ | 1.000 | 1.258 | .795 | .430 | −1.526 | 3.526 |
| | ［Q5＝6］ | 1.000 | .890 | 1.124 | .266 | −.786 | 2.786 |
| | ［Q5＝7］ | −.250 | .812 | −.308 | .759 | −1.881 | 1.381 |
| | ［Q5＝9］ | 0[a] | — | — | — | — | — |
| | ［Q1＝1］＊［Q4＝1］ | −2.875 | 1.786 | −1.610 | .114 | −6.460 | .710 |
| | ［Q1＝1］＊［Q4＝2］ | −1.875 | 1.786 | −1.050 | .299 | −5.460 | 1.710 |
| | ［Q1＝1］＊［Q4＝3］ | −1.125 | 1.318 | −.854 | .397 | −3.771 | 1.521 |
| | ［Q1＝1］＊［Q4＝4］ | −1.875 | 1.858 | −1.009 | .318 | −5.605 | 1.855 |
| | ［Q1＝1］＊［Q4＝5］ | 0[a] | — | — | — | — | — |
| | ［Q1＝2］＊［Q4＝1］ | 0[a] | — | — | — | — | — |
| | ［Q1＝2］＊［Q4＝2］ | 0[a] | — | — | — | — | — |
| | ［Q1＝2］＊［Q4＝3］ | 0[a] | — | — | — | — | — |
| | ［Q1＝2］＊［Q4＝4］ | 0[a] | — | — | — | — | — |
| | ［Q1＝2］＊［Q4＝5］ | 0[a] | — | — | — | — | — |
| | ［Q1＝2］＊［Q4＝6］ | 0[a] | — | — | — | — | — |
| | ［Q1＝1］＊［Q5＝1］ | −.750 | 1.310 | −.573 | .569 | −3.379 | 1.879 |
| | ［Q1＝1］＊［Q5＝2］ | −.500 | .938 | −.533 | .596 | −2.383 | 1.383 |
| | ［Q1＝1］＊［Q5＝3］ | −1.208 | .949 | −1.273 | .209 | −3.115 | .698 |

| 因变量 | 参数 | B | 标准误差 | t | Sig. | 95% 置信区间 | |
|---|---|---|---|---|---|---|---|
| | | | | | | 下限 | 上限 |
| 您对您所在地的环境质量现状感觉 | ［Q1=1］*［Q5=4］ | 0ᵃ | — | — | — | — | — |
| | ［Q1=1］*［Q5=5］ | 0ᵃ | — | — | — | — | — |
| | ［Q1=1］*［Q5=6］ | 0ᵃ | — | — | — | — | — |
| | ［Q1=1］*［Q5=7］ | 0ᵃ | — | — | — | — | — |
| | ［Q1=1］*［Q5=9］ | 0ᵃ | — | — | — | — | — |
| | ［Q1=2］*［Q5=−2］ | 0ᵃ | — | — | — | — | — |
| | ［Q1=2］*［Q5=1］ | 0ᵃ | — | — | — | — | — |
| | ［Q1=2］*［Q5=2］ | 0ᵃ | — | — | — | — | — |
| | ［Q1=2］*［Q5=3］ | 0ᵃ | — | — | — | — | — |
| | ［Q1=2］*［Q5=6］ | 0ᵃ | — | — | — | — | — |
| | ［Q1=2］*［Q5=7］ | 0ᵃ | — | — | — | — | — |
| | ［Q4=1］*［Q5=2］ | −3.250 | 1.691 | −1.922 | .060 | −6.644 | .144 |
| | ［Q4=1］*［Q5=3］ | −3.014 | 1.524 | −1.977 | .053 | −6.074 | .046 |
| | ［Q4=1］*［Q5=7］ | 0ᵃ | — | — | — | — | — |
| | ［Q4=2］*［Q5=2］ | −2.350 | 1.643 | −1.430 | .159 | −5.649 | .949 |
| | ［Q4=2］*［Q5=3］ | −2.125 | 1.590 | −1.336 | .187 | −5.317 | 1.067 |
| | ［Q4=2］*［Q5=7］ | 0ᵃ | — | — | — | — | — |
| | ［Q4=3］*［Q5=−2］ | 0ᵃ | — | — | — | — | — |
| | ［Q4=3］*［Q5=1］ | −2.125 | 1.671 | −1.272 | .209 | −5.480 | 1.230 |
| | ［Q4=3］*［Q5=2］ | −1.000 | 1.186 | −.843 | .403 | −3.382 | 1.382 |
| | ［Q4=3］*［Q5=3］ | −.792 | 1.017 | −.779 | .440 | −2.833 | 1.249 |
| | ［Q4=3］*［Q5=4］ | −1.000 | 1.624 | −.616 | .541 | −4.261 | 2.261 |
| | ［Q4=3］*［Q5=5］ | −1.000 | 1.258 | −.795 | .430 | −3.526 | 1.526 |

| 因变量 | 参数 | B | 标准误差 | t | Sig. | 95% 置信区间 | |
|---|---|---|---|---|---|---|---|
| | | | | | | 下限 | 上限 |
| | ［Q4=3］*［Q5=6］ | 0ᵃ | — | — | — | — | — |
| | ［Q4=3］*［Q5=7］ | 0ᵃ | — | — | — | — | — |
| | ［Q4=3］*［Q5=9］ | 0ᵃ | — | — | — | — | — |
| | ［Q4=4］*［Q5=2］ | 0ᵃ | — | — | — | — | — |
| | ［Q4=4］*［Q5=3］ | 0ᵃ | — | — | — | — | — |
| | ［Q4=4］*［Q5=4］ | 1.000 | 1.359 | .736 | .465 | − 1.728 | 3.728 |
| | ［Q4=4］*［Q5=5］ | 0ᵃ | — | — | — | — | — |
| | ［Q4=4］*［Q5=6］ | 0ᵃ | — | — | — | — | — |
| | ［Q4=5］*［Q5=1］ | 0ᵃ | — | — | — | — | — |
| | ［Q4=5］*［Q5=3］ | 0ᵃ | — | — | — | — | — |
| | ［Q4=5］*［Q5=4］ | 0ᵃ | — | — | — | — | — |
| 您对您所在地的环境质量现状感觉 | ［Q4=5］*［Q5=5］ | 0ᵃ | — | — | — | — | — |
| | ［Q4=6］*［Q5=6］ | 0ᵃ | — | — | — | — | — |
| | ［Q1=1］*［Q4=1］*［Q5=2］ | 2.000 | 1.453 | 1.377 | .175 | − .917 | 4.917 |
| | ［Q1=1］*［Q4=1］*［Q5=3］ | 1.697 | 1.363 | 1.245 | .219 | − 1.039 | 4.433 |
| | ［Q1=1］*［Q4=1］*［Q5=7］ | 0ᵃ | — | — | — | — | — |
| | ［Q1=1］*［Q4=2］*［Q5=2］ | 1.433 | 1.397 | 1.026 | .310 | − 1.372 | 4.239 |
| | ［Q1=1］*［Q4=2］*［Q5=3］ | 1.458 | 1.445 | 1.009 | .318 | − 1.443 | 4.360 |
| | ［Q1=1］*［Q4=2］*［Q5=7］ | 0ᵃ | — | — | — | — | — |
| | ［Q1=1］*［Q4=3］*［Q5=1］ | 0ᵃ | — | — | — | — | — |
| | ［Q1=1］*［Q4=3］*［Q5=2］ | 0ᵃ | — | — | — | — | — |
| | ［Q1=1］*［Q4=3］*［Q5=3］ | 0ᵃ | — | — | — | — | — |
| | ［Q1=1］*［Q4=3］*［Q5=4］ | 0ᵃ | — | — | — | — | — |
| | ［Q1=1］*［Q4=3］*［Q5=5］ | 0ᵃ | — | — | — | — | — |

| 因变量 | 参数 | B | 标准误差 | t | Sig. | 95% 置信区间 | |
|---|---|---|---|---|---|---|---|
| | | | | | | 下限 | 上限 |
| 您对您所在地的环境质量现状感觉 | [Q1=1]*[Q4=3]*[Q5=6] | 0ª | — | — | — | — | — |
| | [Q1=1]*[Q4=3]*[Q5=7] | 0ª | — | — | — | — | — |
| | [Q1=1]*[Q4=3]*[Q5=9] | 0ª | — | — | — | — | — |
| | [Q1=1]*[Q4=4]*[Q5=2] | 0ª | — | — | — | — | — |
| | [Q1=1]*[Q4=4]*[Q5=3] | 0ª | — | — | — | — | — |
| | [Q1=1]*[Q4=4]*[Q5=4] | 0ª | — | — | — | — | — |
| | [Q1=1]*[Q4=4]*[Q5=5] | 0ª | — | — | — | — | — |
| | [Q1=1]*[Q4=4]*[Q5=6] | 0ª | — | — | — | — | — |
| | [Q1=1]*[Q4=5]*[Q5=4] | 0ª | — | — | — | — | — |
| | [Q1=1]*[Q4=5]*[Q5=5] | 0ª | — | — | — | — | — |
| | [Q1=2]*[Q4=1]*[Q5=2] | 0ª | — | — | — | — | — |
| | [Q1=2]*[Q4=1]*[Q5=3] | 0ª | — | — | — | — | — |
| | [Q1=2]*[Q4=1]*[Q5=7] | 0ª | — | — | — | — | — |
| | [Q1=2]*[Q4=2]*[Q5=2] | 0ª | — | — | — | — | — |
| | [Q1=2]*[Q4=2]*[Q5=3] | 0ª | — | — | — | — | — |
| | [Q1=2]*[Q4=2]*[Q5=7] | 0ª | — | — | — | — | — |
| | [Q1=2]*[Q4=3]*[Q5=-2] | 0ª | — | — | — | — | — |
| | [Q1=2]*[Q4=3]*[Q5=1] | 0ª | — | — | — | — | — |
| | [Q1=2]*[Q4=3]*[Q5=2] | 0ª | — | — | — | — | — |
| | [Q1=2]*[Q4=3]*[Q5=3] | 0ª | — | — | — | — | — |
| | [Q1=2]*[Q4=3]*[Q5=7] | 0ª | — | — | — | — | — |
| | [Q1=2]*[Q4=4]*[Q5=6] | 0ª | — | — | — | — | — |
| | [Q1=2]*[Q4=5]*[Q5=1] | 0ª | — | — | — | — | — |
| | [Q1=2]*[Q4=5]*[Q5=3] | 0ª | — | — | — | — | — |
| | [Q1=2]*[Q4=6]*[Q5=6] | 0ª | — | — | — | — | — |

注：参数为冗余参数，将被设为零。

## 附录（三）《石油企业安全支撑体系综合评价系统》用户操作手册

### 1　软件概述

#### 1.1　目标

突出"安全第一，预防为主"的安全方针以及"以人为本，安全第一"的理念，基于安全支撑体系的基本理论对企业安全生产进行有效的控制，为企业顺利度过事故"易发期"提供技术支撑，对石油生产企业早日实现安全生产跨越式发展提供指导。

#### 1.2　功能

以石油企业安全支撑体系宏观评价模型、微观评价模型为基础进行软件编程开发，简化运算，对石油企业安全生产状况进行动态化的评价。

#### 1.3　编写人员

《石油企业生产安全支撑体系综合评价方法研究》课题组。

### 2　运行环境

#### 2.1　硬件环境：PC 机内存 256M 以上，硬盘 40G 以上。

#### 2.2　支持软件

操作系统：Windows 7，Windows XP。
汇编系统：Visual Basic6.0。

#### 2.3　网络环境

计算机能够连接互联网。

### 3　运行步骤说明

#### 3.1　登录

（1）双击桌面"石油企业安全支撑体系综合评价系统"图标，如图1所示，即可进入系统登录界面。

**图1　石油企业安全支撑体系综合评价系统**

（2）进入系统后，将显示登录界面，如图 2 所示，单击图中的"注册"按钮，进行注册。

**图 2　登录界面**

（3）安全评价组织管理人员申请用户名、设置密码、进行注册，同时输入本次打分专家的人数，从数量上讲，5～7 人比较符合基层的实际，当然如果条件允许，专家数量也可以适当多一些。从专家素质要求上讲，所选专家必须相对公正、客观，且是厂矿安全领域的专家。专家在打分时可以采取"背靠背"或者"面对面"的方式进行，采用 100 分制。完成后，单击"确定"按钮，如图 3 所示。

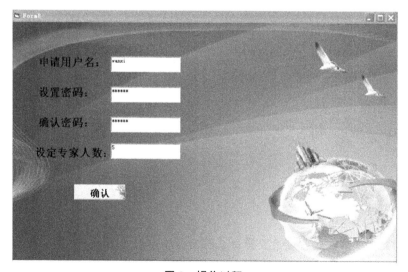

**图 3　操作过程**

（4）输入之前注册的用户名和密码，输入验证码，单击"登录"按钮便可进入系统，如图 4 所示。

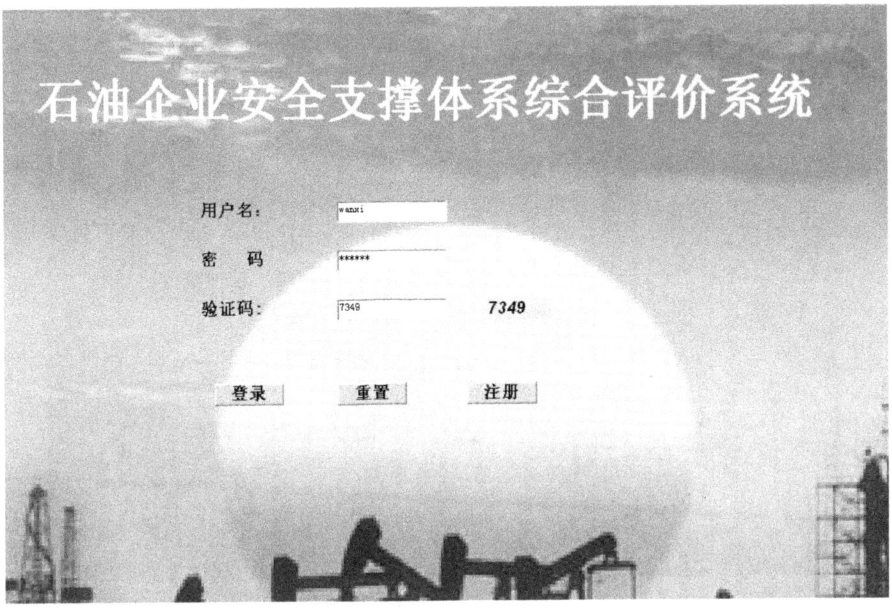

**图 4　进入系统**

### 3.2　系统功能介绍

（1）出现如图 5 所示的界面，点击"企业安全支撑体系分项评价"按钮，进入评分界面，如图 6 所示。

**图 5　进入评分界面**

（2）单击图 6 中的"技术支撑体系评价"按钮，进行评分，如图 7 所示。

**图 6　企业安全支撑体系评分界面**

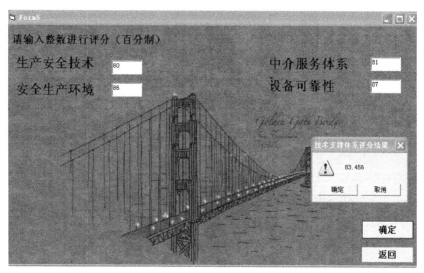

**图 7　技术支撑体系评分**

（3）在图 8 至图 10 的文本框中，对指标分别进行打分（百分制），打分结束后，单击"确定"按钮进行确认。再单击"返回"按钮，回到"企业安全支撑体系分项评价"界面，此时"企业安全支撑体系分项评价"各按钮颜色变为黄色，表示已经打分完毕，如图 11 所示。

图8　评分指标一

图9　评分指标二

图10　评分指标三

**图 11  完成打分**

（4）对所有企业安全支撑体系分项评价指标进行评价后，单击"返回"按钮，返回到初始界面，如图 12 所示，第一个专家评分完毕。

**图 12  初始界面**

（5）单击图 13 中的"企业安全支撑体系综合评价"按钮，显示第一个专家综合评分结果，以此类推，每个评分专家都进行循环操作，注意不要退出系统，直至打分完毕。

（6）单击图 13 中的"数据统计分析"按钮，可以显示各个专家综合评价分数数据的结果，如图 14 所示，该项功能在数据累积到一定程度后可以进行数据的横向和纵向对比分析。

图 13　第一个专家综合评分结果

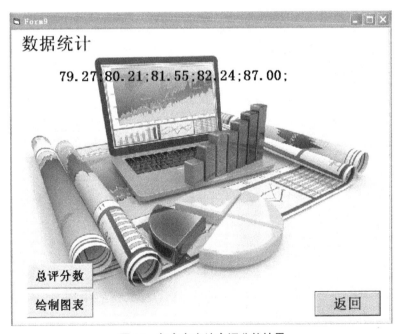

图 14　各个专家综合评分的结果

（7）随后单击图 14 中的"总评分数"按钮，可以显示各个专家综合评价分数的平均数结果，综合评分 82.05，如图 15 所示。评分等级分为高度安全、非常安全、安全、值得关注、危险、非常危险、极度危险 7 个等级，其数值区间分别为高度安全［90，100］，非常安全［80，90），安全［70，80），值得关注［60，70），危险［50，60），非常危险［40，50），极度危险［0，40）。对照评分等级，该评分结果显示该单位安全状况属于"非常安全"等级。

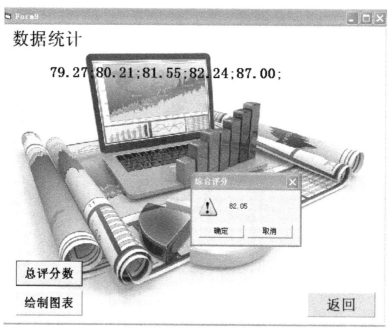

**图 15　各个专家综合评分的平均值**

（8）随后单击图中的"绘制图表"按钮，可以将结果进行统计图描述（如图 16）。

**图 16　绘制图表**

（9）单击图 13 中的"安全知识库"按钮，可以通过网络，查询相关的安全知识，出现界面，如图 17 所示。

检索: 全部 ☑ _____ 检索

| 序号 | 分类 | 文档名称 | 大小 | 上传时间 |
|---|---|---|---|---|
| 1 | 标准 | AQ/T 9008-2012安全生产应急管理人员培训及考核规范 | 129 KB | 2013-05-17 |
| 2 | 标准 | AQ/T 7006-2012白酒企业安全管理规范 | 321 KB | 2013-05-17 |
| 3 | 标准 | AQ/T 6110-2012工业空气呼吸器安全使用维护管理规范 | 281 KB | 2013-05-17 |
| 4 | 标准 | AQ 6109-2012坠落防护 登杆脚扣 | 433 KB | 2013-05-17 |
| 5 | 标准 | AQ 4121-2012礼花弹安全条件 | 299 KB | 2013-05-17 |
| 6 | 标准 | AQ 2048-2012煤气隔断装置安全技术规范 | 301 KB | 2013-05-17 |
| 7 | 标准 | AQ 2047-2012水泥工厂筒型储存库人工清库工程安全规程 | 208 KB | 2013-05-17 |
| 8 | 标准 | AQ 2046-2012石油行业安全生产标准化 工程建设施工实施规范 | 278 KB | 2013-05-17 |
| 9 | 标准 | AQ 2045-2012石油行业安全生产标准化 管道储运实施规范 | 270 KB | 2013-05-17 |
| 10 | 标准 | AQ 2044-2012石油行业安全生产标准化 海上油气生产实施规范 | 276 KB | 2013-05-17 |
| 11 | 标准 | AQ 2043-2012石油行业安全生产标准化 陆上采气实施规范 | 273 KB | 2013-05-17 |
| 12 | 标准 | AQ 2042-2012石油行业安全生产标准化 陆上采油实施规范 | 278 KB | 2013-05-17 |
| 13 | 标准 | AQ 2041-2012石油行业安全生产标准化 井下作业实施规范 | 313 KB | 2013-05-17 |
| 14 | 标准 | AQ 2040-2012石油行业安全生产标准化 测录井实施规范 | 288 KB | 2013-05-17 |
| 15 | 标准 | AQ 2039-2012石油行业安全生产标准化 钻井实施规范 | 299 KB | 2013-05-17 |
| 16 | 标准 | AQ 2038-2012石油行业安全生产标准化 地球物理勘探实施规范 | 304 KB | 2013-05-17 |
| 17 | 标准 | AQ 2037-2012石油行业安全生产标准化 导则 | 193 KB | 2013-05-17 |
| 18 | 标准 | JGJ59-2011 建筑施工安全检查标准 | 868 KB | 2013-05-16 |
| 19 | 标准 | JGJ80-1991 建筑施工高处作业安全技术规范 | 907 KB | 2012-08-10 |
| 20 | 标准 | GB 3608-2008 高处作业分级 | 1958 KB | 2012-08-10 |

共 306 条记录, 每页显示 20 条, 分 16 页显示, 当前第 1 页. 首页, 上一页, 下一页, 末页

**图 17　安全知识库**

## 3.3　退出登录

最后点击"返回登录界面"按钮，返回主页，如图 18 所示，可再次进入系统进行评分，最终退出系统，评价结束。

**图 18　完成评价**

# 参 考 文 献

[1] 李鹏飞，黄诚. 论"美国式"页岩气开发 [J]. 资源导刊（地球科技版），2013（11）：40-41.

[2] 石慧. 美国页岩气能源的相关法律制度研究 [D]. 广州：广东外语外贸大学，2013.

[3] 张耀，刘磊. 对我国的页岩气现状及开采的研究 [J]. 中国化工贸易，2013（4）：227-229.

[4] 信德产业. 2010—2015 年中国页岩气行业市场研究及投资分析预测报告 [R]. 北京：北京中投信德产业研究中心，2011.

[5] 肖刚，白玉湖. 基于环境保护角度的页岩气开发黄金准则 [J]. 天然气工业，2012，32（9）：98-101.

[6] 田春秀，冯相昭. 重视环境和气候风险推进页岩气产业绿色低碳发展 [J]. 环境与可持续发展，2013（2）：12-14.

[7] 陈莉，任玉. 页岩气开采的环境影响分析 [J]. 环境与可持续发展，2012（3）：52-55.

[8] 毛成栋，张成龙，周鑫，汪恩满. 国外页岩气勘探开发环境监管给我国的借鉴 [J]. 中国国土资源经济，2014，11：53-56.

[9] 开辟新常态下生态文明建设的新篇章. [DB/OL]. http://news.hexun.com/2015-04-02/174625568. html2015-04-02.

[10] 陈琰. 农村居民生活满意度的统计研究——以江苏省为例 [D]. 南京：南京财经大学，2011.

[11] 黄浩涛. 生态兴则文明兴 生态衰则文明衰. [DB/OL]. http://theory.people.com.cn/n/2015/0330/c40531-26769999. html，2015-3-30.

[12] 史丹，吴仲斌，杜辉. 国外生态环境补偿财税政策的实践与借鉴 [J]. 经济研究参考，2014（27）：34-38.

[13] 张东晓，杨婷云. 页岩气开发综述 [J]. 石油学报，2013，34（04）：792-801.

[14] 车阳. 我国页岩气为啥不能像美国那样大规模开采 [J]. 石油知识，2018（01）：18-19.

[15] 肖贤明，宋之光，朱炎铭，等. 北美页岩气研究及对我国下古生界页岩气开发的启示 [J]. 煤炭学报，2013，38（05）：721-727.

[16] 刘猛. 美国页岩气革命及其影响研究 [D]. 吉林：吉林大学，2017.

[17] 邹才能，董大忠，王玉满，等. 中国页岩气特征、挑战及前景（二）[J]. 石油勘探与开发，2016，43（02）：166-178.

[18] 王中华. 国内页岩气开采技术进展 [J]. 中外能源，2013，18（2）：23-32.

［19］郭彤楼. 中国式页岩气关键地质问题与成藏富集主控因素［J］. 石油勘探与开发，2016，43（03）：317－326.

［20］郭亦然. 四川省页岩气开发研究［D］. 成都：四川省社会科学院，2016.

［21］刘龙；页岩气资源开发利用管理研究［D］. 西安：长安大学；2014年.

［22］谢海燕，马忠玉，温志超. 我国页岩气开发利用的环境政策分析［J］. 环境保护，2018（1）：58－60.

［23］张茂荣. 美国"能源独立"前景及其地缘经济影响［J］. 现代国际关系，2014（7），52－58.

［24］鲍超. 基于城镇化视角的绿洲城市用水变化驱动效应分析［J］. 干旱区地理，2012，35（6）：988－995.

［25］陆争光，高鹏，马晨波，等. 页岩气采出水污染及处理技术进展［J］. 天然气与石油，2015，33（6）：90－95.

［26］吴青芸，郑猛，胡云霞. 页岩气开采的水污染问题及其综合治理技术［J］. 科技导报，2014，32（13）：74－83.

［27］Vengosh A，Jackson R B，Warner N，et al. A Critical Review of the Risks to Water Resources from Unconventional Shale Gas Development and Hydraulic Fracturing in the United States［J］. Environmental Science & Technology，2014，48（15）：8334－8348.

［28］钱伯章，李武广. 页岩气井水力压裂技术及环境问题探讨［J］. 天然气与石油，2013，31（1）：48－53.

［29］余美；基于科学发展观的我国页岩气开发战略研究［D］. 成都：西南石油大学；2015.

［30］李军. 页岩气开发关键技术与环境问题研究分析［J］. 中国战略新兴产业：2018，3（04）：1－2.

［31］中国工程院. 中国油气资源发展趋势与潜力（2020－2050）［R］. 北京：中国工程院，2007.

［32］赵勇. 页岩气开发现状及成功开发页岩气的关键因素［J］. 中外能源，2011，7.

［33］李建忠. 中国常规与非常规天然气资源潜力及发展前景［J］. 石油学报，2012，11.

［34］邱中建. 中国非常规天然气的战略地位［J］. 天然气工业，2012，1.

［35］Manju Mohan，etal. Development of dense gas dispersion model for emergency preparedness［J］. Atmospheric Environment，1995，29（16）.

［36］Paine R J，etal. AERMOD：A dispersion model for industrial source applications PartIII：Performance Evaluation［J］. J. Appl. Meteo，2000.

［37］Energy Development Applications and Schedules. SourWellLicensing and Drilling Requiremennts［S］. EUBDirective056，2003.

［38］Railroad Commission of Texas. Texas Administrative Code16.1.3.36Oil。Gas，or Geothermal Resource Operationin Hydrogen Sulfide AreasrS'1. Austin：Railroad Commission of-Texas，2007.

［39］Energy Resources Conservation Board. Directive 056 Energy Development Application and Schedules ［S］. Calgary：Energy Resources Conservation Board，2008.

［40］Energy Resources Conservation Board. ERCBH2SAModel for Calculating Emergency Responseand Planning Zones for Sour Gas Facilities ［M］. Calgary: Energy Resources Conservation Board，2008.

［41］席学军. 关于井喷 H2S 扩散数值模拟初步研究［J］. 中国安全生产科学技术，2005，1（1）.

［42］张震. 油田生产设施环境安全距离理论与估算方法初探 ［J］. 安全与环境工程，2005，12（4）.

［43］刘艳菊. 油田生产设施环境安全距离理论与估算 ［J］. 安全与环境工程，2006，13（1）.

［44］席学军. 含硫气井的公众防护距离的判定法则研究 ［J］. 中国安全生产科学技术，2008，4（3）.

［45］中国安全生产科学研究院. 中石油高风险油气田开发安全生产监管机制研究 ［R］. 北京：中国安全生产科学研究院，2004.

［46］全国安全生产标准化技术委员会. AQ2018—2008 含硫化氢天然气井公众安全防护距离 ［S］. 北京：国家安全生产监督管理总局，2009.

［47］席学军. 复杂山区地形高含硫气井安全防护距离研究 ［J］. 中国安全科学学报，2009，19（12）.

［48］王旭东. 高含硫天然气复杂地面扩散模拟研究 ［J］. 钻采工艺，2010，33（6）.

［49］朱渊. 含硫化氢天然气集输管道公众安全防护距离分级标准讨论 ［J］. 油气田地面工程，2010，29（10）.

［50］朱渊. 高含硫天然气管道泄漏扩散过程 CFD 建模 ［J］. 系统仿真学报，2009，21（20）.

［51］李胜利. 复杂地标形态下天然气泄漏扩散的三维数值模拟研究 ［D］. 北京：中国石油大学. 2010.

［52］练章华. 特大井喷 $H_2S$ 扩散的数值模拟分析 ［J］. 天然气工业. 2009（11）.

［53］张宝柱. 高含硫气井井喷事故模拟与分析 ［J］. 石油与天然气化工，2011，40（5）.

［54］王林元. 含硫天然气井井喷失控 15 分钟 $H_2S$ 扩散数值模拟 ［J］. 石油与天然气化工，2012，41（4）.

［55］吴宗之，高进东，魏利军. 危险评价方法及其应用 ［M］. 北京：冶金工业出版社，2002.

［56］宇德明. 易燃、易爆、有毒危险品储运过程定量风险评价 ［M］. 北京：中国铁道出版社，2000.

［57］韩达. 企业开展 HSE 危害识别及风险评估的现状与对策 ［J］. 安全、健康和环境，2003，3（7）.

［58］王正辉. 采煤工作面自燃危险性评价方法 ［D］. 重庆：煤炭科学研究总院重庆分院，2004.

［59］夏玉强．Marcellus 页岩气开采的水资源挑战与环境影响［J］．科技导报，2010，28（18）．

［60］刘国梁，宣捷，杜可，等．重烟羽扩散的风洞模拟实验研究［J］．安全与环境学报，2004，4（3）．

［61］张晓东，章保东，袁昌明．油库火灾爆炸危险性分析与控制［J］．中国计量学院学报，2005，16（3）．

［62］王志荣，蒋军成．液化石油气罐区火灾危险性定量评价［J］．消防技术与产品信息，2010（001）：43－47．

［63］张武，宇德明．可燃气体储罐区泄漏危险性定量分析［J］．安全与环境学报，2002，2（1）．

［64］孙文栋，方江敏．储罐火灾爆炸事故后果模拟方法研究［J］．工业安全与环保，2009，35（12）．

［65］王淑兰，毕明树，丁信伟，等．易燃气体扩散体积分数的实验研究［J］．化学工程，2003，31（5）．

［66］施志荣．化工气体泄漏事故扩散规律的实验室研究［D］．常州：江苏工业学院环境与安全工程系，2006．

［67］丁信伟，王淑兰，徐国庆．可燃及毒性气体泄漏扩散研究综述［J］．安全与环境学报，2002，2（1）．

［68］宋贤生，刘全桢，宫宏，等．大型储罐区油气扩散规律的 CFD 数值模拟研究［J］．中国安全科学生产技术，2008，4（2）．

［69］姜传胜，丁辉，刘国梁，等．重气连续泄漏扩散的风洞模拟实验与数值结果对比分析［J］．中国安全科学学报，2003，13（2）．

［70］D. Anfossi，G. Tinarelli，S. TriniCastelli，etal. A new lagrangian particle model for thesimulation of dense gas dispersion［J］．Atmospheric Environment，2010（44）．

［71］廖倩雯．天然气瞬时泄漏扩散及燃爆区域划分研究［D］．大连：大连交通大学，2014．

［72］温亚男．天然气钻井井场安全距离研究［D］．北京：首都经济贸易大学，2005．

［73］王瑞勤．风险分析—钻井作业实施 HSE 管理的核心［J］．安全、健康和环境，2003，3（6）．

［74］于凤清．荷兰壳牌公司风险管理理念与实践［J］．石油化工安全技术，2003，19（6）．

［75］韩达．企业开展 HSE 危害识别及风险评估的现状与对策［J］．安全、健康和环境，2003，3（7）．

［76］刘增苹．有毒气体泄漏绕障碍物扩散的研究［D］．北京：北京化工大学，2010．

［77］Hector A. Olvera，AhsanR. Choudhuri. Numerical simulationofhy drogen dispersion in the vicinity of acubical building instable stratified atmospheres［J］. International Journal of Hydrogen Energy，2006．